林芝 著

電子工業出版社
Publishing House of Electronics Industry
北京 · BEIJING

内容简介

《图形语言》是一本旨在培养学生创造性和思维能力的图形设计教材，突出思维训练与形式训练的结合，以丰富的理念和多样化的教学方法提供新颖的教学方案。通过实战训练和多形式的实践操作，帮助学生不断提升设计能力，掌握设计的精髓，开启设计思维的探索之旅。

本教材适合作为综合性院校视觉传达设计专业图形设计课程的教学用书，也可作为图形设计爱好者的参考书。

图书在版编目（CIP）数据

图形语言/林芝著. —北京：电子工业出版社，2024.6
ISBN 978-7-121-48024-9

Ⅰ. ①图… Ⅱ. ①林… Ⅲ. ①图形语言－高等学校－教材 Ⅳ. ①TP312

中国国家版本馆CIP数据核字(2024)第111900号

责任编辑：赵玉山
印　　刷：北京利丰雅高长城印刷有限公司
装　　订：北京利丰雅高长城印刷有限公司
出版发行：电子工业出版社
　　　　　北京市海淀区万寿路173信箱　　邮编：100036
开　　本：889×1 194　1/16　印张：16　字数：409千字
版　　次：2024年6月第1版
印　　次：2024年6月第1次印刷
定　　价：79.00元

凡所购买电子工业出版社图书有缺损问题，请向购买书店调换。若书店售缺，请与本社发行部联系，联系及邮购电话：（010）88254888，88258888。

质量投诉请发邮件至 zlts@phei.com.cn，盗版侵权举报请发邮件至dbqq@phei.com.cn。

本书咨询联系方式：（010）88254556，zhaoys@phei.com.cn。

前　言

在图形语言课程教学中，我们常常面对着丰富多样的教学方法和理念，流派众多，各有特色。这也意味着，图形语言教学没有一套统一标准和固定模式，而应是融合了来自不同视角和学科理念的教学体系。

这种多元性在一定程度上反映了图形设计的开放性和包容性。各个学派和各种方法都以培养学生的创造力和造型力为核心目标，这是它们共同追求的价值。创造力不仅仅是灵感的迸发，更是对于观察、思考和表达的敏感度的体现。不同的教学方法在激发学生创造力方面可能采用截然不同的方式，不管采用何种方式，它们都试图通过培养学生独立思考和创新能力来丰富设计语言。

本教材要点包括以下三个方面。

首先，强调对日常事物的观察与理解，注重“生活过程的创意塑造”。教学侧重于引导学生关注创作的过程而非结果，鼓励他们对周围事物进行深入的观察和理解，培养对事物的探究兴趣。通过实践课题作业，学生有机会将所学知识与日常生活联系起来，从而找到创意的源泉。

其次，教学定位于学生造型力的培养，侧重培养学生掌握具象与抽象的造型语言的表现规律及视觉审美能力。在培养审美观念和造型技巧的同时，强调物质之上的精神价值和审美意义。通过对不同造型语言的实践，学生将能够理解并掌握多样化的表达方式，培养自己独特的审美眼光。

最后，教学注重将学生的想法视觉化。将个人独特的想法转化为视觉语言是图形设计中至关重要的能力。通过课题作业的实践，学生将有机会锻炼将具象的形象抽象化的能力，培养表达自己独特观点的技巧。这种能力对于成功的图形设计师来说至关重要，因为设计不仅仅是技术的运用，更是一种思想的表达和沟通方式。

总的来说，本教材可以培养学生对生活的敏感性、造型力和创造力，使他们具备将自己的独特观点转化为视觉语言的能力，从而培养有创造力、有审美眼光的图形设计人才。

目 录

Contents

03 图形设计与传达

04 图形想象与创作

后记

绪 论

一、图形教学基本思路

图 0-1

图形语言是视觉传达设计专业的核心基础课程，旨在培养学生敏锐的观察力、丰富的想象力、强大的造型力和独特的审美力。该课程要求学生掌握从观察对象、认识对象到表现对象的设计过程；能熟练应用图形语言的基本方法和规律并进行组织；掌握图形拓展应用及概念可视化的视觉表现力。最终目的是帮助学生通过对图形创造之美的探究，推动知识与技术的有机结合，实现思维的深刻转变，全面提升造型力和构思力，形成强大的创造力。

图形语言课程的教学目标，首先是培养学生观察和发现事物、透彻地理解事物的能力。这包括从不同角度观察事物，改变对事物的惯常认知，以及在同一事物中找到多样的感觉。其次是关注图形表现手段与方法，使学生能够掌握不同形式语言的美学规律，培养对形态的敏感性，提高解决形态表现的能力。最后是培养学生思维的灵活性和创造性，通过启发和开阔学生的思维，将分析问题与思维训练相结合，激发学生的创造潜力和独特才华。在实践中，学生将积累解决问题的能力，同时培养独特的审美表达。这一系列目标旨在培养学生全面的图形设计能力，使其在未来能够更好地服务社会。

二、课程单元设置与基本内容

图形语言课程以传播语言为核心定位。学生在课程中首先需要深刻理解图形的存在价值，即传达信息。图形语言作为思想沟通的媒介语言，其本质是一种能够言之有物的表达方式，是呈现“有意味的形式”的语言。

在这一理念下，学生将学会通过图形表达概念、情感和信息，使其具备更加深刻和直观的传达效果。图形设计不仅仅是形式的展示，更是对特定信息的有目的传递。通过图形语言，学生能够培养对大众需求的敏感性，了解如何引导大众的注意力，以及如何创造引人注目的视觉效果。

因此，图形语言课程的目标是培养出色的传播者，使其能够将图形设计作为一种有力的沟通工具。在整个学习过程中，强调对形式和信息的敏感性，鼓励学生通过创意和设计的手段，突破语言的局限，传达更加深刻的思想和观念。通过这一课程，学生将能够在图形设计领域中发展出独特的传达风格，从而在未来的职业生涯中更具竞争力。

1．图形基础：形的观察、诞生和组织

所有的创作都应该始于观察和发现。这个创作的起点是“看”，其核心是如何看、怎么看，以及在这个过程中能够发现什么、得到什么启发及如何从中感受到美。生活中，无论是墙壁上斑驳的点、雪地上留下的脚印、下雨时水塘上荡起的涟漪、花瓣飘落在河面上勾勒出的优美线条，还是雪天中黑白对比的清新等，只要仔细观察，都蕴藏着非凡的美感。

在运用这些发现的元素进行设计时，我们能够创作出独具特色的作品。观察力的培养能够使人更深入地理解周围环境，并将这些观察转化为独特的创意。从微小的细节中发现灵感，不仅能够为设计注入新的活力，还能够让观者在作品中感受到更为丰富和深刻的内涵。

因此，创作的旅程始于对生活的敏锐感知，这样的观察和发现能够帮助人打开创造的大门，为设计注入更多独创性。对生活的洞察不仅是设计的基础，更是引领我们创作出真正令人惊艳的作品的关键。

2. 图形语言：词汇的建构，技巧的建立、开拓

图形语言既然被视为一门语言，就必然有其词汇的基础和形式规则的语法。在这门语言中，词汇充当着基石的角色，各种图形元素融入语言的结构中，才使得表达成为可能。同时，词汇的积累程度以及表达的准确性也直接影响着语言的传达效果。图形设计中的“词汇”训练旨在引导学生通过形式语言的实践和启发进入对设计的深度思考，探索语言的多样性，激发创造性的想象。

学生需要经历由单一视角向多视角的转变，在这个过程中，他们会发现问题的答案不再是“唯一”的，而是有无数个可能；需要转变传统的思维方式，从对形式的单一认知扩展到“无穷无尽的创意表达”，即从一种形象中推演出多种变体，实现视觉的多样化和繁衍。这就像使用了无穷变幻的法则，轻轻一转，视觉的惊喜就会“呼之欲出”。

通过练习，学生将学会语言表达的技巧，增强对形式语言的自觉性和形式运用的意识，最终达到对形式进行主观创造的水平。这种实践不仅能提升学生图形设计的表现能力，更能激发其在创意领域中的无限潜能。

3. 图形应用：形的归纳、组织和运用

这部分内容旨在系统训练学生对图形的表现能力，涵盖了从素材收集、信息归纳、语言尝试、设计制作到衍生应用的全过程。通过进行系列“图”的创造与表达，构建起一个完整的“闭环”练习体系。其核心目标在于帮助学生深入理解画面的构成和组织方式，掌握图形的应用与传达技巧，从而在逻辑层面上明确图形设计的意义及其未来发展方向。

在这个训练过程中，学生不是单一地接触图形元素，而是通过素材的积累和信息的整理，逐步形成对图形语言更为深入的理解。通过语言尝试和设计制作，他们得以将所学知识应用到实际项目中，提升实际操作的能力。

这种“闭环”练习体系有助于学生全面、系统地掌握图形设计的要领，同时培养自身对设计逻辑的敏感性，理解图形设计的本质，把握其发展方向成为更有远见的图形设计师。

4. 图形的创造：从想象到视觉可视化

在这个阶段，我们将结合创意的“命题”要求，结合所学理论、概念进行实际的操练。这种“命题”式学习要求学生具备较为清晰、明确的设计目标，强调培养理解问题、分析问题和解决问题的能力。同时，需要深入理解概念，挖掘其内涵深意，并将其进行视觉可视化的呈现。

学生将面临更具挑战性的设计任务，需要能够理性地表达自己对设计命题的理解，并通过图形语言的方式加以呈现。通过对设计命题的深入思考和表达，学生将逐渐形成对问题的敏感性和创造性思维，这种能力的培养将为他们以后的专业学习打下扎实的基础。

图 0-2

三、图形语言课程教学特点

语言是信息传达的媒介，而图形需要通过视觉化的形象来被感知，从而让他人了解其中的思想。图形设计师必须学会基本的表达技巧，将思想转化为图形语言，这就如同音乐需要音符和旋律一样。良好的图形表达能力是成为一名优秀图形设计师的基础，而这需要大量的实践，只有通过实践才能真正理解和掌握这一技能。

在图形语言课程的形式语言训练阶段，学生可能会对为何要穷尽各种手法表达一幅图像感到困惑。我们可以简单地将其比喻为写文章，首先需要积累大量的词汇，然后才有可能形成合理的句子和段落，最终形成完整的文章。这是培养设计读写能力的基础阶段。最终，创意需要通过视觉形象来呈现，将大脑中的想法转化为“有意味的形式”，而学习和掌握表现技巧的目的在于培养“造型力”，从而创作出真正有创意的作品。

在实践过程中，学生还需要进行广泛的“视觉阅读”。通过视觉阅读和欣赏现代艺术作品，学生可以开启思维和表现的“窗户”。通过了解杰出的设计作品、艺术流派和平面设计师，学生将提高审美能力和认知能力，拓展视野，开启心智。同时，学生需要加强眼力和手的协调训练，实践中的高度眼力配上大量的手的实践才是最有效的学习方式。优秀的设计作品不是凭空而来的，灵感也需要不断地“走在路上”才能“翩然而至”。只有多实践、多思考、多读书，学生才能与“好作品”有一场浪漫的邂逅。

图形语言课程旨在通过观察、思考、理解、表现、想象及视觉可视化的训练，培养学生的设计思维和表现能力。教学内容的设置是经过精心计划的，但教学现场需要教师灵活应对。学生之间的整体专业氛围、个体学习能力差异及学习的精神状态都需要教师敏锐感知。教学过程中会有许多未知的可能性，教师需要根据现场情况进行灵活调整。学生作业的情况可以反馈教学内容的难易程度，教师可据此进一步优化教学。

图 0-3

最后，在实际操练的同时，要进行有趣的“命题”设计，确保学生在有限的课时内愿意投入，并激发学习热情和潜在能力。这种设计要求学生具备清晰、明确的设计目标，形成理解问题、分析问题和解决问题的能力。通过这样的实践，学生将为专业学习做好充分准备。

图 0-1：
爱的波比 | 海报 | 米尔顿·格拉塞 | 美国
图 0-2：
婚礼请柬 | 图形 | 皮尔·门德尔 | 德国
图 0-3：
我们如何学习 | 海报 | 詹士维多 | 美国

01

图形概说与基础

Graphics Overview and Fundamentals

当今社会，视觉文化已经渗透到人类生活的每一个角落，成为我们与世界互动的主要方式之一。从早晨醒来查看手机，到白天走在街头巷尾看到各种标识和广告，再到晚上在社交媒体上浏览朋友圈或观看短视频，我们的日常生活无时无刻不受到视觉信息的影响。这种视觉文化的崛起改变了人们对信息的获取和理解方式。因此，视觉设计在传达信息、引导观众情感方面变得至关重要。图像的力量不仅仅在于传递信息，还在于激发人们思考、引发共鸣，并在某种程度上塑造我们的文化认知。

第一节　何为图形

图形的起源可以追溯到远古时期，当我们回顾原始绘画时，可以看到祖先通过各种形象的符号记录的事件、想法和情感。在这些原始绘画中，一笔水纹可能代表大海，一个 X 形可能是渔网，三个三角形可能构成一座大山，一条曲线可能象征云彩。这些符号并非凭空创造，而是根植于自然和社会生活的现实基础之中。

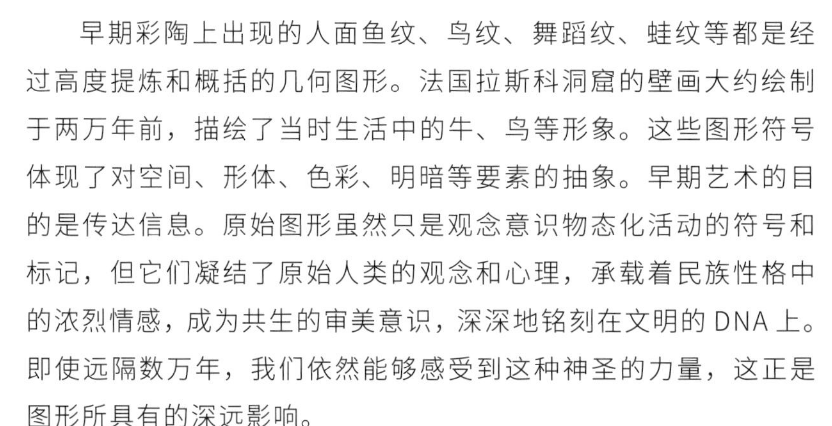

早期彩陶上出现的人面鱼纹、鸟纹、舞蹈纹、蛙纹等都是经过高度提炼和概括的几何图形。法国拉斯科洞窟的壁画大约绘制于两万年前，描绘了当时生活中的牛、鸟等形象。这些图形符号体现了对空间、形体、色彩、明暗等要素的抽象。早期艺术的目的是传达信息。原始图形虽然只是观念意识物态化活动的符号和标记，但它们凝结了原始人类的观念和心理，承载着民族性格中的浓烈情感，成为共生的审美意识，深深地铭刻在文明的 DNA 上。即使远隔数万年，我们依然能够感受到这种神圣的力量，这正是图形所具有的深远影响。

图 1-1

图 1-2

视觉文化涵盖了影像、图像和图形等元素，关于图形的概念，《现代汉语词典》中解释包括：a．在纸上或其他平面上表示出来的形状；b．几何图形的简称。在《新英汉词典》中，其英文是 Graphic，解释为：a．书写的、绘画的、印刷的、雕刻的；b．图样的、图解的，用图表示的。Graphic 本身也是一个多义词，其释义包括“匠意”“图解”“图画”，同时也被翻译成平面设计。在现代视觉传达的学术领域，无论是基本的点、线、面，还是更为复杂的“视觉形象”，图形都作为一种载体用于信息传达。因此，图形在这里不仅仅是视觉形态，更是一种通过“有意味”的可视形象表达主题内涵，创造出与受众沟通的交流方式的手段。

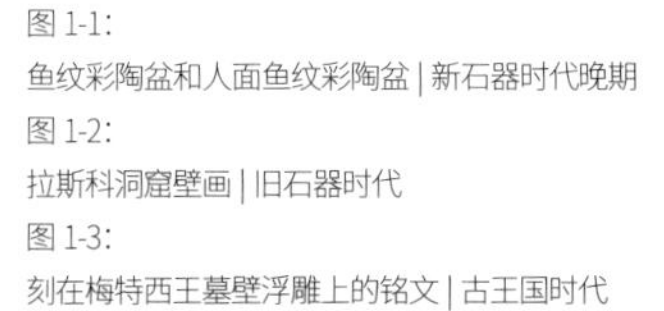

图 1-1：
鱼纹彩陶盆和人面鱼纹彩陶盆 | 新石器时代晚期
图 1-2：
拉斯科洞窟壁画 | 旧石器时代
图 1-3：
刻在梅特西王墓壁浮雕上的铭文 | 古王国时代

图形作为一种非文字的世界语，以美的艺术性符号为指向，强调视觉符号的语言作用和传达意义。美国的图形设计理论家菲利普·梅洛斯曾言：“如果图形不具有象征或词语含义，则不再是视觉传播而成为美术了。” 这一说法凸显了图形设计的重要性。不论是具象的图形还是抽象的图形，它们的目的在于创造一种能够迅速传递信息的印象。通过视觉语言的运用，以符合内涵的形式，产生最佳的预期效应。这正是每位设计师所追求的方向，即通过图形的美学表达，将信息准确而富有创意地呈现给受众。在平面设计中，图形扮演着独特而不可或缺的角色，引导受众理解和感知信息，从而达到沟通的最终目标。

图 1-3

第二节 图形的特征

1. 语言性

图形通过“视觉形状”进行表意，具有表达思想的独特能力。思想的传达力量在很大程度上取决于图形的表达形式是否富有感染力，是否能够以生动而有效的方式传递信息。另外，图形产生的最终效果需要考虑多个因素，包括是否能真正将设计意图传达给观者，以及设计是否产生了实际的影响。

在图形设计中，视觉语言是一种强大的工具，能够突破语言的限制，直接触达观者的感知和情感。因此，优秀的图形设计不仅仅是美学上的表达，更是通过这种“视觉语言”实现沟通和信息传达的有力手段。设计师需要深入了解目标受众，以确保他们能够理解并积极响应设计的信息。

在“视觉语言”的传达过程中，图形设计的要素包括颜色、形状、排列等，这些要素共同构建了视觉语境，直接影响着观者的感知和理解。通过精心设计这些要素，设计师可以引导观者的注意力，强调关键信息，并在不言而喻的情况下传达出深刻的思想。

2. 功能性

图形通过直观、清晰的视觉形象来传递信息，其目的是启发和调动观者的注意力和想象力，从而达到有效的信息传达。这种注意力的调动是在瞬间迅速实现的，是追求即时的视觉效应，同时也是图形设计中阅读性和识别性的重要体现。优秀的图形设计不是仅仅被动地等待人们去发现，还应能够主动引起观者的注意，促使观者参与和再创造。

在当今充斥着信息的社会中，人们的注意力成为稀缺的资源。因此，图形设计需要通过视觉上的吸引和引导，迅速抓住观者的注意力，引起他们的兴趣和好奇心；通过清晰简洁、富有创意和独特设计，使信息在观者心中留下深刻的印记。

与此同时，图形的阅读性和识别性也是至关重要的。设计师需要确保图形在传达信息时能够被观者迅速理解和识别，而不会让其感到困惑或迷失。通过巧妙的构图、颜色搭配和排版等手法，设计师可以增强图形的可读性，使其更具有吸引力和表达力。

3．时代性

图形设计具有体现时代特色的艺术性质，它不仅承载着当代的审美观念和文化脉络，还通过多种表现方式展现了鲜活的时代意识。随着信息传播形式的不断演变，图形设计作为一种重要的信息表达方式，不断受到新的媒体和技术的影响，从而愈加呈现出时代特质。

在信息时代，新的媒体和技术的崛起不断影响着图形设计的发展方向。传统的设计形式被不断挑战和突破，而新的可能性在设计领域不断涌现。这种不断变革的过程既是设计面临的挑战，也是设计应完成的使命。图形设计通过不同的表达手法，反映了当代社会的多元化、开放性和创新性。

观摩国际性的设计展览，如海报双年展，可以看到各个国家的设计作品中蕴含着的先进性与独创性。这些作品不仅仅是图形设计的杰出代表，更是当代文化和思潮的集中展现。设计师通过创新的思维和表达方式，将时代的特性融入作品之中，使其具有强烈的时代性。

因此，图形设计作为一门艺术和传播的融合学科，通过不断吸收时代的元素和精神，不仅反映了当下社会的面貌，也推动着设计观念的更新和演变。在这个不断变革的过程中，图形设计展现了与时俱进的时代特色，为当代文化的发展和传播做出了积极贡献。

4．情感性

有情感的图形设计能够赋予人舒适感，而设计背后的故事则能够进一步加深图形的情感表达。当我们对一张设计作品发出赞叹时，这份赞叹不仅仅来源于作品本身的美学、技术和经济层面，更重要的是来源于作品所传达的人性。

美国设计师 A.J. 普罗斯说：“人们总以为设计有三维：美学、技术和经济，然而更重要的是第四维——人性。情感是人性的核心。”这句话深刻地揭示了情感在图形设计中的关键作用。情感不仅是设计的灵魂，还是真正连接设计与观者的桥梁。当图形设计能够触动人心、引发情感共鸣时，它就不再是冰冷的图形，而是一种与观者情感互动的表达形式。

情感化的图形设计具有强烈的感染力和独特性，它超越了简单的视觉美感，更注重通过情感元素打动观者。这种设计能够更深层次地触及人们的内心，使人在欣赏的同时产生共鸣。通过情感的共鸣，图形设计实现了与观者之间更为紧密的联系，促进了更深层次的沟通与交流。

5．原创性

在设计领域，原创性对于设计师来说具有极其重要的意义。原创性使得设计作品充满生命力，使其在视觉上脱颖而出，不受同质化、重复和模仿的限制，呈现出独特而引人注目的特质。在平面设计的艺术表达中，图形的创意能力和感染力往往是决定性的因素。

创意是设计作品的灵魂，是设计师对于问题独特解决方案的发现和表达。如果一张图形作品能够让我们产生共鸣并激发更深层次的思考，这是因为作品背后蕴含着独特的创意，这种创意使作品能够超越文化、语言、国界的限制，不仅仅是表面的视觉呈现，更是一种富有内涵和深意的灵性表达。

原创性的设计作品不会被同质化和模仿所局限，能展现设计师独有的审美观和创作风格。这样的作品更容易吸引观者的注意，因为它们是独一无二的，无法被轻易替代。原创性设计在当今信息过载的时代尤为重要，因为它能够突破视觉噪声，突显独特性，为观者提供新颖而有趣的视觉体验。

6． 审美性

图形通过创造美的符号进行信息传达，其思想性和语言性是决定其艺术气质和审美特质的关键因素。图形设计用艺术的表现手段和形式语言来传递情感、表达思想，以此赋予作品独特的艺术魅力。

“形态”和“色彩”在图形设计中被视为艺术处理的重要元素，它们共同构筑起视觉形象，给予人情感上的深刻感染。设计师在创作过程中，根据信息的内容和主题，发挥想象力进行富有创意的表达。通过将技巧、知识、直觉、感情与素材融为一体，设计师创造出鲜明生动、精彩奇妙的图形语言，为观者提供美的视觉享受。这种审美的传达方式使图形设计不仅是信息的呈现，更是一种与观者情感共鸣的艺术体验。

图 1-4

图 1-5

图 1-6

图 1-7

图 1-4：
人权 - 共生 | 海报 | 永井一正 | 日本
图 1-5：
未来的希望 | 海报 | Homadelvaray | 伊朗
图 1-6：
彼得·舍利三重奏 | 海报 | 尼古拉斯·卓斯乐 | 瑞士
图 1-7：
卢布林建城 70 周年 | 海报 | NikodemPregowski | 波兰

第三节　形态的基本元素

点、线、面是构成现代设计作品的重要元素，它们是所有形态的基础，同时在造型艺术中扮演着核心支撑的角色。在设计领域，点、线、面以其独特的构成形态和多样化的表现方式，共同塑造出独特而富有感染力的设计风貌。实际上，每一个引人注目的视觉设计作品都可以从某种程度上归结为点、线、面交互的成果，它们是设计的基石，是设计构建的基本元素。

所有具象的事物都可以通过对点、线、面的组合概括出来。在设计过程中，要充分理解点、线、面的表现内涵，并根据平面的空间特征进行创作，这种关系犹如母体孕育胎儿，形态与空间相互依存，空间孕育形态。因此，在设计实践中，对点、线、面的深刻理解是至关重要的。它们不仅是构成设计作品的基本要素，还是设计师表达创意和思想的工具。通过对点、线、面的精准运用，设计师可以打破平凡，创作出引人入胜的设计作品，形成独特的空间感和形态美。点、线、面的组合变化，为设计注入生命力，使作品更具表现力和艺术性。

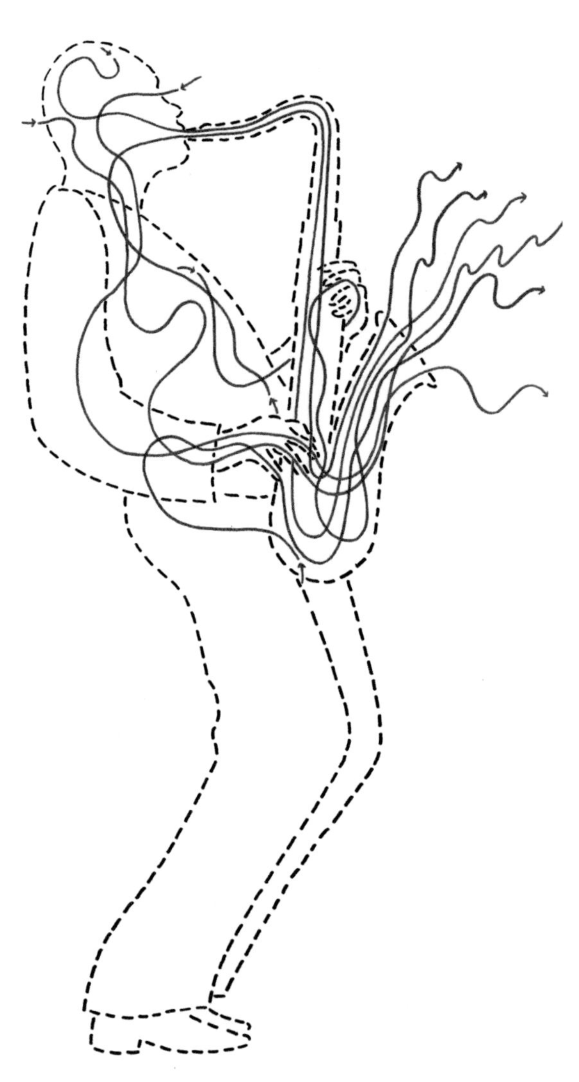

图 1-8

点、线、面在平面设计中扮演着至关重要的角色，它们的抽象性极大丰富了设计师的想象空间和造型语言。超现实主义艺术家保罗·克利曾经幽默地说过：“记号的种类是无穷无尽的——有些线条给人的感觉是命不久矣，应该马上送去医院；另一些线条看上去则是吃得太多了。如果一条线站得笔直，那它就是健康的；如果它弯成一个角度，那就表示它得病了；如果它是平躺的，也许它在做自己喜欢做的事。”保罗·克利的言辞揭示了不同形态的点线可以产生不同的内涵，传达独特的语义，展现出它们自身的强烈个性。正如抽象主义艺术家瓦西里·康定斯基所言：“就外在的概念而言，每一条独立的线或绘画的形就是元素；就内在的概念而言，则不是形本身，而活跃在其中的内在张力才是元素。”这段话同样适用于图形的意义。在设计中，点、线、面不仅是平面上的形式，更是传达信息、表达情感的元素。它们所呈现的形态、角度、状态，都能传递深刻的内在张力，赋予设计以生命力和独特的艺术性。

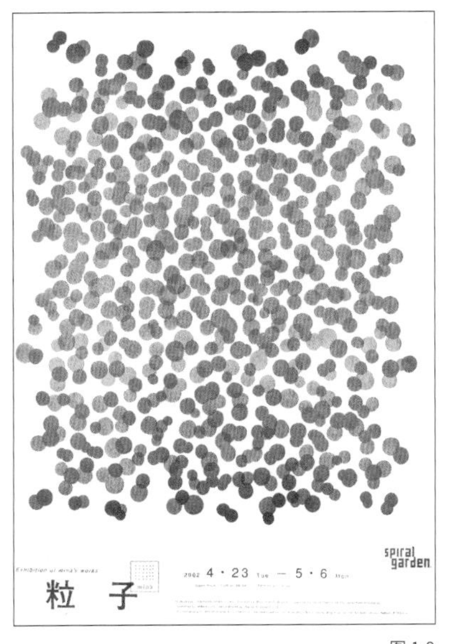

图 1-9

图 1-10

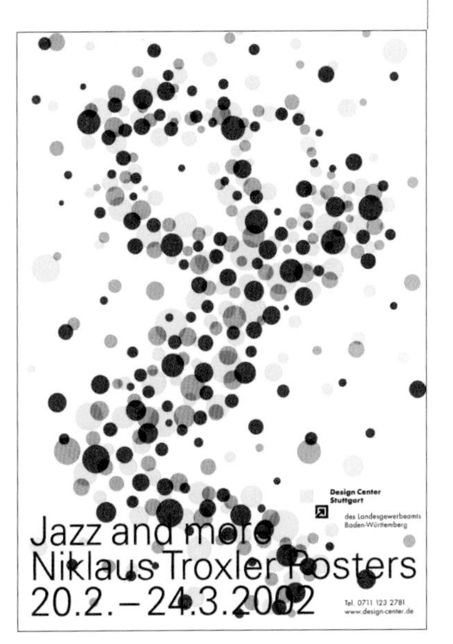

图 1-11

图 1-12

点：在平面设计中，点具有可见的外形，可以是微小而不引人注目的沙粒，也可以是能量聚集的显著中心。点凭借其大小、位置和周围环境的关系呈现出不同的视觉效果。作为设计中使用最广泛的要素之一，点可能是最微小的元素形态，也可以根据它们的大小、距离、位置以及相互之间的关系，演变成线、面，甚至是空间。巧妙地运用点的元素，设计师可以创造出无穷无尽的形态，从而制造平静或动感的画面，达到出人意料的视觉效果和引人注目的张力。

在印刷中，CMYK 色彩模式中的小点通过相互叠加，幻化出丰富的色彩。黄色、蓝色、红色和黑色的印刷版都是通过点阵技术制作而成的。在印刷过程中，每个原始版使用各自的颜色按照一定顺序进行工作，最终这些微小的色点有序地聚集在一起，我们就能感知到具有实际意义的形态。一些后现代主义的波普艺术家常常利用点的大小变化和排列创造出奇妙的图像效果。日本波普艺术家草间弥生被誉为“圆点女王”，她能够运用不同形状和色彩的点演变出无穷无尽的“点的奇幻世界”，将“点”运用到了极致。这种创意的点阵表达方式使得她的作品充满了独特的魅力和视觉冲击力。

图 1-8：
萨克斯时代 | 海报 | 尼古拉斯·卓斯乐 | 瑞士
图 1-9：
《柳实》展 | 海报 | Bluemark | 日本
图 1-10：
Tape Art Plastic Tape | 图形 | 尼古拉斯·卓斯乐 | 瑞士
图 1-11：
Jass and more| 海报 | 尼古拉斯·卓斯乐 | 瑞士
图 1-12：
以我对郁金香所有的爱，我永远祈祷 | 艺术作品 | 草间弥生 | 日本

线：线是点的延伸，可以将其想象成一串相互连接的点，形成了一种延伸的轨迹。线不仅仅指示出方向和位置，同时在其内部聚集着一定的能量。它既可以明确地表示形状，又可以成为形状和空间的分隔界线。线有时是有形的，如实体的线条；有时是无形的，如影子或光线。

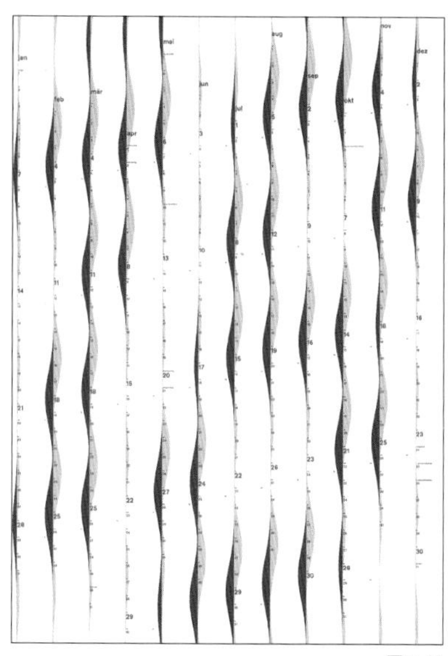

图 1-13

不同形态的线可以传达不同的情感和意义。尖锐的细线可能让人联想到紧张和神经质；而粗壮的直线则可能呈现强大和力量的感觉。曲线常常与优美和柔美相联系，给人一种温暖的感觉。斜线则常常被视为动感的象征，给人带来一种运动的感觉。此外，线条的长度、曲直、粗细以及动静的变化都可以产生不同的视觉效果，传达不同的意义。这些线条的变化和组合为设计提供了丰富的可能性，设计师可以通过巧妙运用线条元素来表达自己的创意和情感。

图 1-14

感性或理性的线条可以展现出丰富多彩的视觉效果和引人入胜的节奏韵味。在中国书法中，狂草是一个生动的例子，其中飞舞张扬的笔墨线条将线的表现推向了极致。这种狂放的笔触展现了一种自由而激情澎湃的氛围。美国艺术家杰克逊·波洛克以其激情四溢的泼洒线条而闻名，这些线条表达了强烈而有力的主观情感。他的作品充满了能量，线条的运动轨迹仿佛是在画布上跳跃舞动，传递着独特的情绪。凡·高的画作中也充满了情感绽放的线条，这些线条具有火焰燃烧般的强烈特质。凡·高通过线条的运用，将内心的澎湃之情表达得淋漓尽致。而美国插画师索尔·斯坦伯格被誉为“用线条表演魔术的人”，他通过线条巧妙地演绎了生活中的一切事物，包括人物、动物等。他甚至通过“纯线条表现”创造出变化多端的空间，为观者呈现出一个独特而富有想象力的艺术世界。这些例子表明，线条不仅仅是形式的表达，更是情感、能量和艺术创意的传达媒介。

图 1-15

在光效应艺术中，通过线条节奏的变化可以营造出惊人的视觉效果，展现出独特的绘画结构和审慎设计的错觉与魔幻。日本设计师服部一成以理性而有组织的线条为工具，通过线与线之间的重叠、半透明效果，以及粗线和细线之间的对比，创作出了有秩序而克制的精妙形态。这显示了线的创造和探索在艺术创作中有着无穷无尽的魅力。

图 1-16

图 1-17

瑞士平面设计界的传奇大师阿明·霍夫曼（Armin Hofmann）将线的元素发挥到了极致，创造了一种引人注目的视觉刺激。他认为，在事物变得复杂时，设计应该是简洁而清晰的。为巴塞尔最重要的剧院设计的系列海报之一 *Stadt Theater*，运用尖锐的弧线和直线勾勒出乐符般抽象的形状，简洁无比的线条创造出了优雅而富有表现力的视觉效果。另一位日本设计师栗津洁（Kiyoshi Awazu）则一直将线条视为图形的“主角”，将其作为创作形状的方法。在为重要的东京版画展设计海报时，他深受 19 世纪浮世绘艺术家歌川广重风景画中的木刻线条启发，在海报中运用波浪状的线条，犹如起伏的景观，既唤起了地形风景，又像木刻版画的纹理，巧妙地揭示了展览的主题。

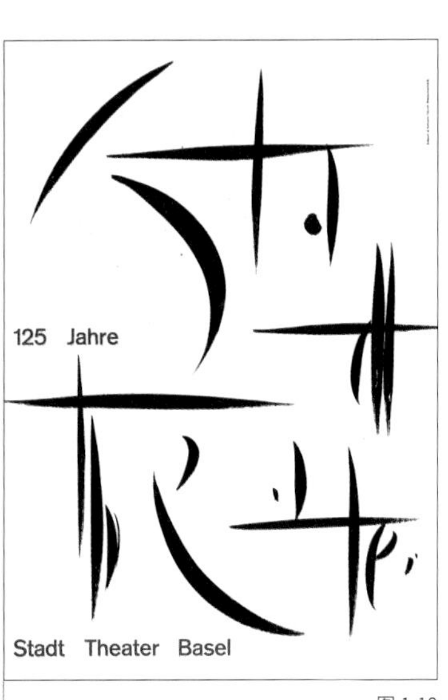

图 1-18

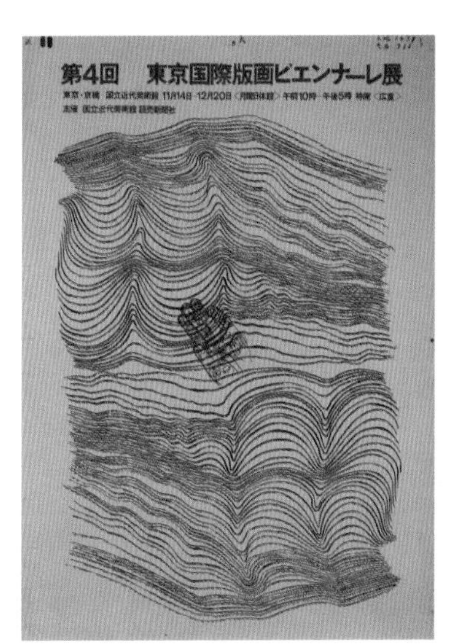

图 1-19

图 1-13：
日历 | 图形 | 丹尼尔·维斯曼 | 德国
图 1-14：
Christy Doran's Sound Fountain | 海报 | 尼古拉斯·卓斯乐 | 瑞士
图 1-15：
人与自然 | 海报 | Hajime Tsushima | 日本
图 1-16：
第十三届国际音乐节 | 海报 | 尼古拉斯·卓斯乐 | 瑞士
图 1-17：
《IDEA》封面 | 图形 | 服部一成 | 日本
图 1-18：
StadtTheater | 海报 | 阿明·霍夫曼 | 瑞士
图 1-19：
东京版画展 | 海报 | 栗津洁 | 日本

面和立体：面是由线的移动而产生的，可以看作是有宽度的线。面的形状包含线条和填充的色块，可以是实心或穿孔的，可以是透明或不透明的，也可以是粗糙或光滑的。在设计中，面是起主导作用的元素，因为相对于点和线，面具有更大的相对面积，因此能够产生更强烈的感染力。

图 1-20

面可以呈现各种形状，只要具有充实的面形，就能够具备稳定和扩张的效果。构成主义艺术家卡西米尔·赛文洛维奇·马列维奇的抽象作品充满了面的体量感，有时整幅画面只有一个黑色的方形，却蕴含着无穷的视觉张力。另一位日本设计师小岛良平（Ryohei Kojima）则通过对花草树木、鸟兽鱼虫进行大块面的概括，将对象在圆、方、三角形中进行造型处理，简洁而精练的面形充满了强烈的视觉张力。

图 1-21

面的移动形成体，而体可以分为几何体、有机体、半立体等多种形式。体是一种具有三维形态的元素，当几个面形成高度、宽度和深度时，便构成了三维空间。在设计中，体呈现出立体感，给观者带来更为真实和具体的感受。不同类型的体可以呈现不同的形状和结构，从几何形状到更加有机的形态，再到半立体的表现，都展现了设计的多样性。在三维空间中，观者可以感受到形体的高低、宽窄、远近，这种空间感的表达是平面规则所无法实现的。尤其在印刷品、屏幕等平面媒介上，设计师通过对体的处理，使观者在有限的空间中感受到更加丰富和立体的视觉效果。

图 1-22

图 1-23

图 1-24

空间：空间作为审美范畴，不仅存在于三维的实际物理空间中，而且在平面设计等艺术作品中也可以通过各种手段进行表达。在绘画艺术，尤其是中国水墨画这一独特的艺术形式中，艺术家通过运用墨的深浅和留白的技巧来营造虚实相生的空间感。

以南宋画家牧溪的水墨画《六柿子图》为例，画家将最小的柿子巧妙地安排在画面的最下部，通过前后对比和微妙的墨色渲染，暗示出画面的空间深度。六个柿子呈现出不同的形态，静置于色泽较暗的纸面背景之下，通过精心的排列和对比，画家使整个画面成为一个似乎无限延展的空间，充满趣味和想象，引人入胜。

在文艺复兴时期的绘画中，透视理论成为主导，艺术家们通过透视和比例的精准运用，创造出具有真实感的三维立体空间。这种通过透视和比例构建的空间深度使观者能够感受到画面中物体的远近和层次，增添了艺术作品的真实感和立体感。空间的表达方式因艺术形式和时代而异，但它始终是艺术创作中一个重要而丰富的元素。

设计构成要素之间的相互关系具有强烈的空间感觉，这要通过调整要素的位置、数量、方向、深浅、质感、比例和色彩等来实现平面空间的表达。在平面设计中，利用点的变化或线的疏密也能形成一种虚拟的空间感。而明暗和质感是制造空间感的强大手段，通过巧妙运用阴影和光影的变化，以及物体表面的不同质感，设计师可以营造出更加具有深度和层次感的空间。线条的物理结构也能产生运动的方向，从而暗示出空间的存在。

需要注意的是，平面设计所表现的立体空间感，并非真实存在的三维空间，而是一种通过图形对人的视觉引导产生的幻觉空间。这种艺术上的空间感是设计师运用各种元素和原则进行巧妙组合的产物，使观者在平面上感受到立体的深度和丰富的空间体验。

图 1-20：
青蛙 | 海报 | 米哈伊尔·利奇科夫斯基 | 白俄罗斯
图 1-21：
基尔帆船节 | 海报 | 汉斯·希尔曼 | 德国
图 1-22：
日本野鸟会 | 海报 | 小岛良平 | 日本
图 1-23：
第三届威尼斯日本艺术会议 | 海报 | 田中一光 | 日本
图 1-24：
六柿子图 | 水墨画 | 牧溪 | 南宋

第四节 形的基本分类

在艺术设计中，设计作品的要素包括形、色和质感。形是其中的一个关键要素，可以被概括为定形和非定形。

图 1-25

定形指的是具有数理规则结构的形状。这些形状可能是几何图形，如圆、正方形、三角形等，或者是其他具有明确规则和结构的形态。定形的特点是它们可以被精确地描述和测量，具有一定的规律性和几何性质。相反，非定形指的是那些不具有明确数理规则结构的形状。这包括各种自由、抽象、不规则的形态，通常没有明显的几何规律。非定形的特点是更加自由和灵活，不受特定的数学规则限制，因而给予设计更大的创意空间。在设计过程中，艺术家和设计师可以选择采用定形或非定形的元素，或者将二者结合起来，以创造出富有表现力和独特风格的艺术作品。形的运用对于构建作品的结构、平衡和整体感起着重要的作用，同时也是观者感知和理解作品的关键因素之一。

定形具有规则性，属于理性的形，其形状明确且固定，是依据数学原理和法则形成的造型。这种形式能够塑造出极具魅力和个性化的形态，其中几何形就是一个典型的例子。几何形的特点在于其高度简洁化，通过最少的要素构成形象的本能。

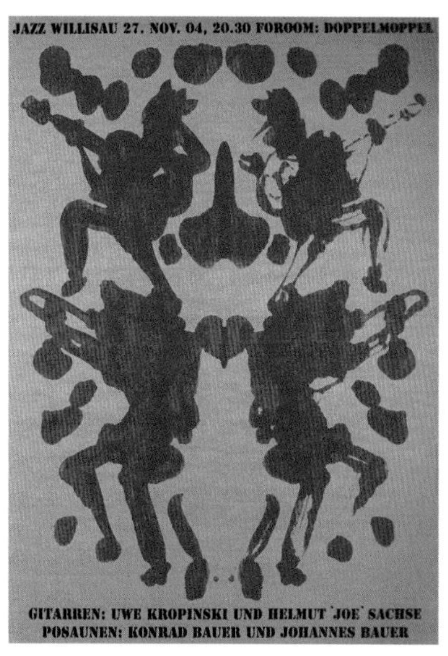

图 1-26

图 1-27

图 1-28

图 1-29

举例来说，在光线不充足的环境中，或者当对象位于偏远地方需要在最短的时间内得到揭示时，我们通常感知到的是非常简单的几何形态。这是因为简洁明了的形状更容易在有限的感知条件下被理解和识别，几何形的规则性使其在视觉传达中成为一种强有力的表现手段。

人类祖先在漫长的生活和劳动过程中积累并创造了最简单的、原始的图形，这些基础的几何形至今仍然被广泛使用。在各民族、地域及历史时期的图形装饰中，都可以发现十分类似的抽象图形的存在。

这些基础的几何形包括点、线和面，是人类图形表达中最基本的构建单元。这些形状的普遍应用不仅证明了它们的简洁和直观，同时也表达了人类对于这些基本元素的自然感知和理解。这些基础图形在艺术、手工艺、建筑等领域中发挥着重要的作用，构成了丰富多彩的文化传统。通过对这些基础图形的运用，人类不仅记录了历史，还传承了文化，形成了各具特色的艺术风格。

图 1-25:
贺年卡 | 图形 | 岩永和也 | 日本
图 1-26:
爵士 | 海报 | 尼古拉斯·卓斯乐 | 瑞士
图 1-27:
湿画法未干 | 图形 | 艾伦·弗莱彻 | 英国
图 1-28:
儿童绘本 | 图形 | 保罗·兰德 | 美国
图 1-29:
方向 | 海报 | 保罗·兰德 | 美国

非定形是相对自由的形态，包括有机形、偶然形、不规则形等。有机形是源自自然界的形状，它们没有明确的规则和约束。飘动的云、起伏的山脉、绿色的扁豆、漂亮的花瓣、流动的水波等，这些形态都自然、舒适和和谐，遵循着自然法则。瑞士建筑大师勒·柯布西耶曾言：“有机物的证据是优美的代表，大小和形状受宇宙自然法则的主宰——鹅卵石、水晶、植物或植物的萌芽……”

超现实主义画家胡安·米罗的绘画作品中充满着如符号般的抽象有机形态，传达着神秘、天真的幽默气质。而艺术家让·阿尔普的雕塑作品则具有生物形态的有机造型，充满了女性、梦幻、沉静的曲线美感。这些形态的自由性和不规则性为艺术创作提供了更加宽广和丰富的创作空间。

偶然形是通过即兴创作，艺术家和设计师可以运用各种工具和手段进行表现，制造出最不可控制、意料不到的独特效果。这种创作方式强调随机性和意外性，通过偶然的元素和过程，艺术家创造出非具象的感性形态，展现了一种自由而富有表现力的艺术语言。这样的作品常常呈现出生动的艺术表现，吸引观者对形式和内容进行深入思考。在这种情境下，艺术作品的诞生不仅是创作者的个体表达，更是创作过程与意外相遇的产物。

不规则形是有目的、有意识地产生的形状，与自然形态相比，不规则形更受到人为设计和安排的影响。由于这种形状的产生是经过深思熟虑的，故不规则形更富于独特的个性特征。设计师可以通过精心的构思和创造性的设计，打破传统的几何规则，赋予形状更多的变化和表现力。在不规则形中，设计师有更大的自由度来表达创意和情感，创造出富有独创性的设计作品。这种形状的独特性不仅突显了设计师的个性和审美观点，也为观者提供了更为丰富多彩的感知体验。

图 1-30：
有机形态 | 摄影作品 | 拍摄者不详
图 1-31：
青椒 | 摄影作品 | 爱德华·韦斯顿 | 美国
图 1-32：
鹦鹉螺 | 摄影作品 | 爱德华·韦斯顿 | 美国
图 1-33：
卷心叶 | 摄影作品 | 爱德华·韦斯顿 | 美国

图 1-30

第五节 形的观察与发现

深入而细致的观察并非易事，鲜有人愿意投入足够的时间去仔细观察一个对象，尤其是带着问题去深入观察。然而，这种观察能力的培养对于个体的认知和思考能力至关重要。事实上，事物在实际活动中展现出的复杂性和多样性与我们通常匆匆一瞥的感知之间存在着巨大的差异。简单的识别只是为了满足日常生活的基本需求，往往停留在感性的表面。而深入观察则是一种更为深刻的思维活动，它要求我们以更敏锐的感知力去理解事物的本质和内在联系。

美国摄影师爱德华·韦斯顿（Edward Weston）通过对日常生活中司空见惯的蔬菜、昆虫、水果、贝壳等平常事物的深入观察，发现了这些普通事物的非凡之美。他的代表作品之一是《青椒》。这张摄影作品展现了青椒与日常认知迥异的质感，仿佛是一座抽象的小雕塑，或者是两个缠绕的人体，亦或是耳朵、拳头等。图像呈现出一种暧昧、抽象、多义的氛围，将观者引导到超越意识思维所认知的世界。这种视觉的神奇来源于摄影师敏锐的观察力、感知力和高度的审美力。爱德华·韦斯顿的作品展示了他独特的视觉语言，他通过对微观世界的深刻洞察，使日常生活中的普通物品焕发出非凡的艺术魅力。这种创造力和独到的观察力，以及高品位的美学素养，使他能够创造出这种令人称奇的视觉效果，揭示了生命中隐藏的奇迹。只有具备这种独特的眼光和对美的深刻理解，才能呈现出如此引人入胜的视觉体验。

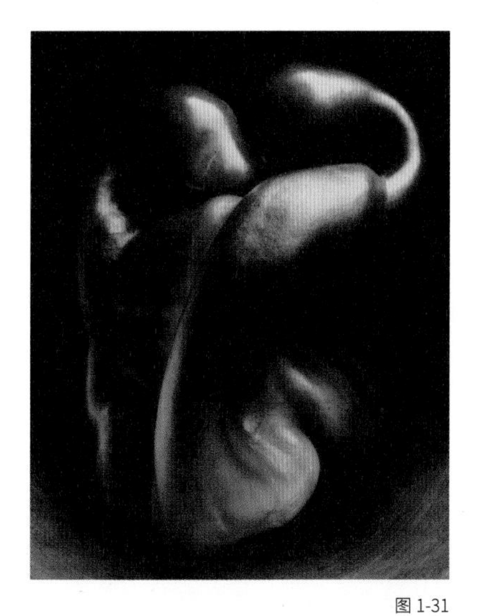

图 1-31

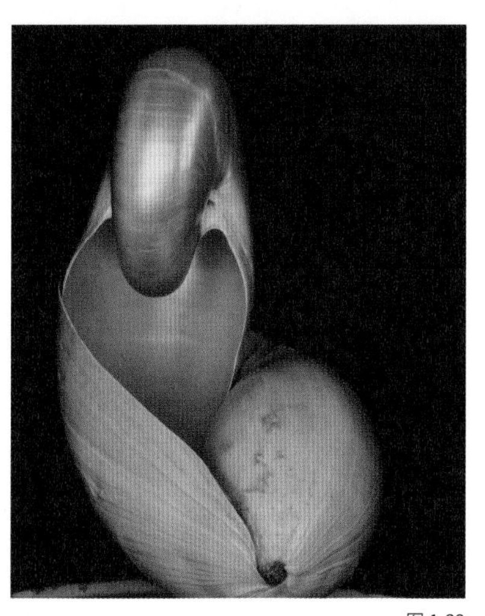

图 1-32

图 1-33

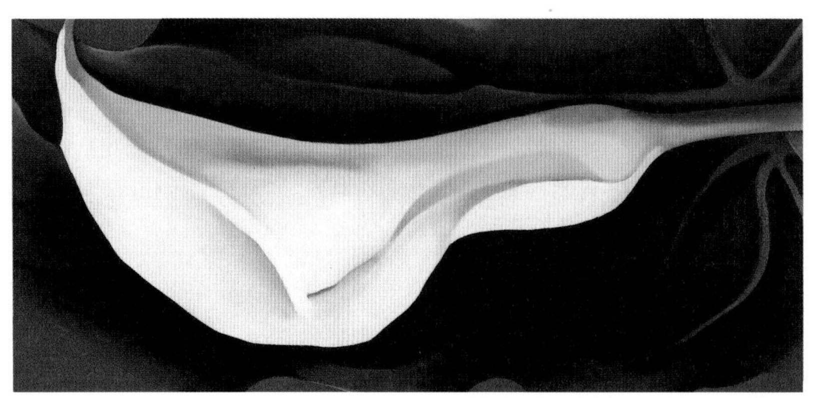
图 1-34

图 1-34~图 1-36：
花卉 | 艺术作品 | 乔治亚·欧姬芙 | 美国
图 1-37：
视觉记录 | 图形 | 白同异 | 荷兰

美国现代主义艺术家乔治亚·欧姬芙（Georgia O' Keeffe）以独特的观察和视角将花卉视为一种新的灵感和启发。通过对花卉的变形、简化和放大，她以一种类似现代摄影美学的方式，以特写的视角展现了花朵的神秘和异乎寻常的美感。在想象力的催化下，她创作出了令人怦然心动的视觉作品，通过将花朵从常规的视觉表达中抽离出来，赋予这些自然之美以新的艺术意义，呈现出一种深邃而抽象的审美体验。

图 1-35

日本设计大师田中一光（Ikko Tanaka）在《设计的觉醒》一书中提到："通过观察日常生活中那些平常、司空见惯的事物，可知我们实际上对它们了解得并不够深刻。这种觉醒的过程使人们能够站在新知识的肩膀上，发现设计的新鲜之处，从而让设计在我们的身体中觉醒。设计的觉醒，即设计师在日常生活中对生活的认知不断觉醒的过程。这意味着即使是那些看似平凡的东西中也有许多值得我们重新发现的未知之处。"学习设计的前提是培养自己对美的敏感，重新审视生活中习以为常的事物。我们需要在日常中有意识地培养自己的"察觉认知"，以洞察事物的本质，用不同的视角去捕捉生活中的美。这个过程将拓宽我们对设计的理解，使我们更加敏锐地感知和欣赏身边的美好。

"设计师工作的原点是观察。观察世界、观察人类、观察文化"。设计师通过观察，从各种经验中获得印象。看到和感受到比一般人更多或不同的东西，是进行创作的出发点。优秀的设计师总能细心观察与体悟生活，深切感受细节，通过不断体验和思考，再次发现新的关系，将印象碎片进行重组，形成新的形象，进而创造出新的可能。

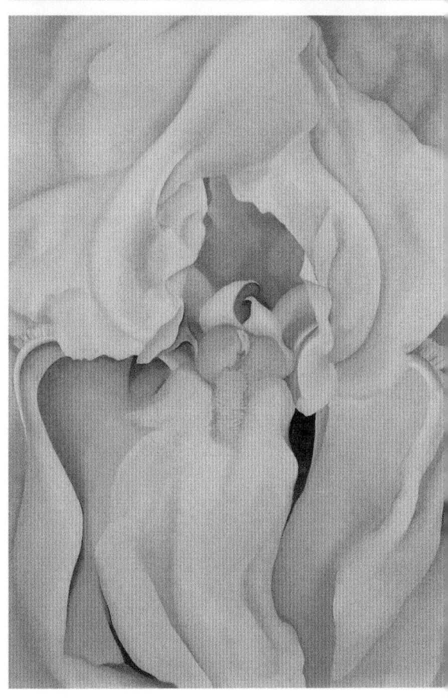
图 1-36

荷兰设计师白同异（Michal Batery）为了保持对创造力的敏感，养成了视觉记录和视觉创作的习惯。他将生活中非常平凡的元素以蒙太奇的表现手法重组，记录图形演变的过程。有时他在自己生活的区域里漫步，一张小纸片、一个垃圾袋或墙面上随意的涂鸦跃入眼中，都会被他及时用镜头捕捉。然后，他通过电脑将拍下的图像进行组合，化腐朽为神奇，使之变成迥异于原来的图像，呈现出令人惊奇的视觉效果，展示出"信手拈来"的图形魅力。真正具有创造力的人是"用心"之人，透过表面的无形创造出另一种有形的秩序。

图 1-37

设计师佐藤（U.G.Sato）的创作充溢着富有诗意的想象力。他善于捕捉事物之间的内在联系，使它们相互演化、相互作用，从而创造出崭新的意象。树木、溪水、动物、昆虫、田野、树叶等各种元素在他的图形世界中变幻成有趣的形态，而这一切源自他在乡村度过的童年时光。长期对事物的仔细观察赋予了他对事物的深刻认知，并一直影响着他的创作。佐藤回忆道，即使后来回到城市生活，他仍经常选择步行，因为在步行的过程中，他时常能够发现各种意想不到的奇妙事物。一只鸽子停在金属篱笆破洞中，可能会激发出一个和平主题海报的创作灵感；而昆虫啃噬过的红叶上的小洞，可能让他构想出一个腐蚀了的世界的形状。他的设计灵感总是植根于他日常生活中的点点滴滴。佐藤的想象力体现在他从日常生活中发现非日常，从旧有的内容中领悟出新的意象，从寻常事物中进行非寻常的表达。这种创作理念使他的设计充满了独特的艺术氛围，能够让观者感受到来自日常生活的不同寻常之美。

美国教育心理学家戴维·N. 帕斯金指出："一个人如果不能以非同寻常的方式观察事物，接受某些新思想或体现出判断的独立性，他就不可能是一个创造性的人。"观察受到个人知识修养和审美素养的影响，我们在观察中积累认知，形成对周围世界的理解及审美观。设计师的灵感来源于对生活的观察、理解和升华。生活中的一草一木、石头云朵、生活物件等都是创作的源泉，都能启发我们新的发现，带来无限的创意。设计师要用心观察，从中体味艺术设计的情致，引发创想，从而在平凡中汲取智慧火花的灵光。

图 1-38、图 1-39
The Typographic Universe | 字体图形 | 塔森出版社 | 德国

图 1-38

图 1-39

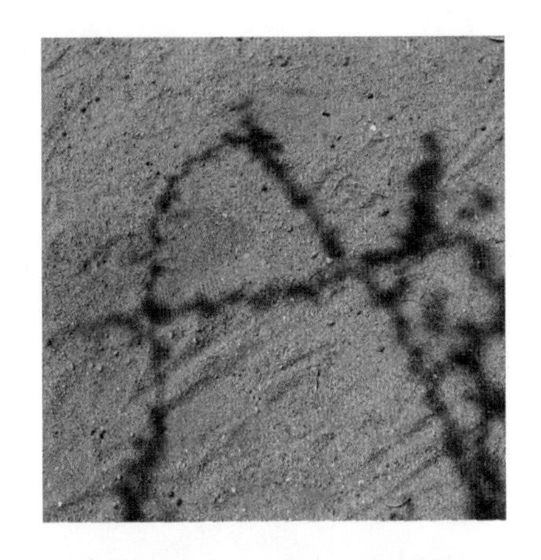

课题训练　日常与非日常

本课题的训练旨在引导学生发现生活中隐含的字母或有趣的形态，激发自己寻找物体与自然、生活之间的联系。通过培养有意识观察生活的习惯，学生将能够从熟悉的日常生活中抽象、分离出可感知的形态。这样的训练有助于他们发现自然界和日常生活中隐匿的丰富的视觉意蕴与形式意象，同时感知形的视觉意义。

在这个过程中，学生将学会如何细致入微地观察周围环境，寻找平凡事物中的非凡之美；通过观察和发现，培养对形态、结构和视觉元素的敏感性。这种训练不仅有助于提高学生的审美素养，还能够拓展他们的创造力和思维方式。通过从简单事物中提炼形态，学生将能够发现生活中蕴含的深层美感，进而应用于设计和艺术创作中。

对形的表现要从观察入手，要敏锐地捕捉生活中一切有趣的东西。即使是看似非常普通的事物，只要对它产生了兴趣，通过不断深入观察，就会有新的发现。观察是发现美的重要线索，因此我们需要学会如何去“看”。当我们能够在耳熟能详的事物中瞬间发现其不同之处时，这种发现就成为改变世界观的重要契机。因此，培养对观察的独特视角和深刻理解将有助于我们更好地理解形的表现，并在创作中融入更为丰富的视觉经验。

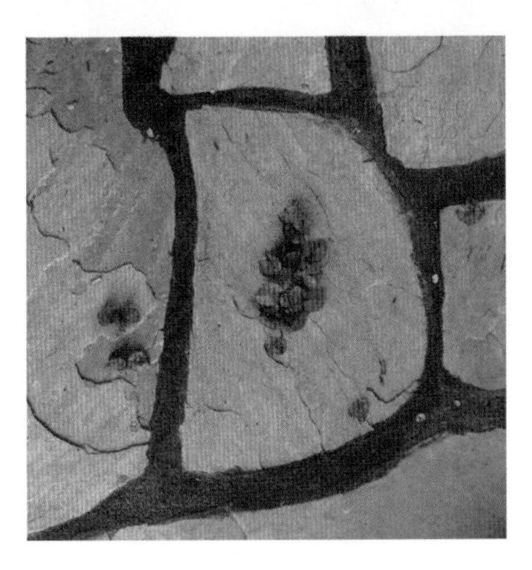

通过镜头，我们能够发现生活中隐藏的有趣形态，就像是一个充满了各种魔法变化的例子。通过进行局部特写、改变视觉焦点，我们能够赋予日常物象以新的视觉感受，仿佛是进行一场视觉游戏。

这个带有一些游戏成分的课题训练的最终目的是让学生从日常生活中感知非日常的有趣形态，使他们能够感受到生活中随处可见的设计，并洞察事物的本质。通过镜头的引导，学生可以培养对细节的关注，提升对视觉美感的敏感度，进而在设计中创造出更加丰富、独特的表现形式。

课题训练一：发现字母

学生可以自选一个字母，使用相机或手机进行记录。在记录过程中，要注重捕捉字母形态的细节，关注光影的变化，以及周围环境对字母形象的衬托。通过这个训练，学生将培养对日常对象的认识与捕捉能力，提升对形态美的敏感度，并锻炼自己的构图技巧。这个过程旨在激发学生对身边事物的新认知，培养他们对设计中细微元素的观察与把握能力。

尺寸：15cmX15cm

数量：6 张

色彩：不限

时间：作业练习贯穿 2 周

YO

课题训练二：隐秘的脸

要求学生在日常生活中发现隐匿的“脸”的图形，包括人物、动物等形象，要求具备对脸的一定辨识度。学生需要使用相机或手机对发现的“脸”进行记录。这个训练旨在培养学生对日常场景中视觉趣味的敏感性，激发他们对生活中富有创意和趣味的细节的发现和关注。通过记录“脸”的形象，学生将有机会培养对日常环境中微小元素的观察和感知能力，进而在设计中更好地利用这些观察得来的视觉元素。

数量：10 张
尺寸：A4
色彩：黑白
时间：作业练习贯穿整个课程

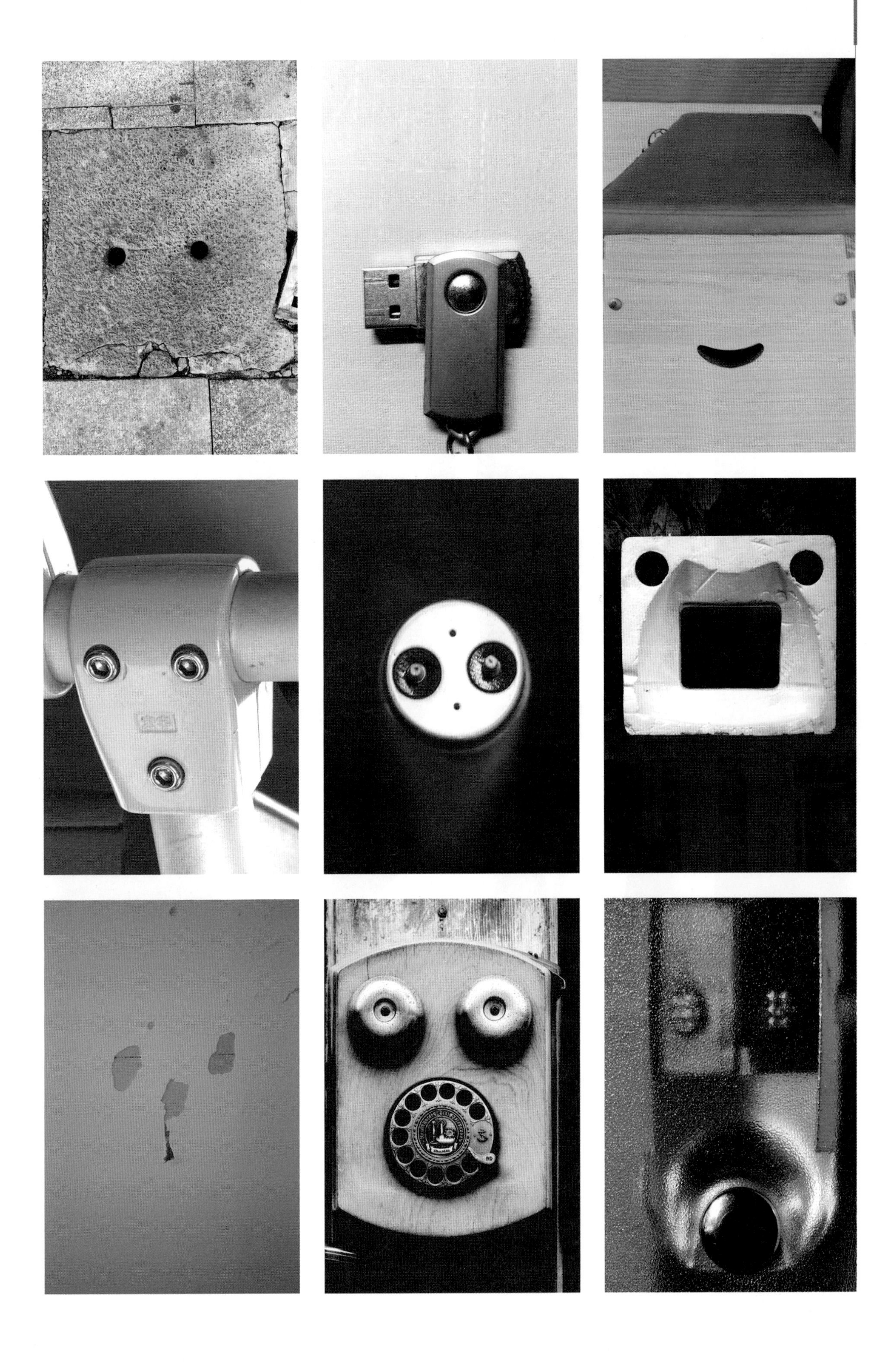

C D E
SH 35RT

02

图形表现与形式

Graphical Representation and Form

第一节　形式与内涵

在一件作品中，形式扮演着表现主题内容的角色。尽管形式本身具有独立的审美意义和价值，但只有当形式与其内容相互契合时，才能真正展现出审美的深度，并实现其最大的潜力。特别是在设计中，形式必须与意念相适应，这样才能有效传达主题内涵，使设计在合理、完整和准确的基础上得以展现。著名的美国设计师保罗·兰德（Paul Rand）曾明言："内容与形式，就像针和线，我可从来没听过哪个裁缝偏向针和线的任何一方。"出色的设计需要兼顾卓越的创意和恰到好处的形式，就如同成功地协调了"针和线"一样。只有当形式巧妙地诠释了内容时，才能实现将散文转变为诗歌的艺术过程。

图 2-2

形式和内容的关系犹如一场舞剧，编舞是内容，舞姿的展现则是形式。在设计中，形式与内容的结合如同舞台上的完美演绎，内容为设计提供最原始的素材，而形式则是对内容进行重新组合和精妙操作的产物。形式的构建涉及在已有的空间中安排视觉关系，通过外形、尺寸、结构、规模、比例、颜色、质地、平衡、构图和色彩等视觉元素，呈现出"有意味的形式"，最终创作出统一、和谐、优美的作品。设计师艾伦·弗莱彻（Alan Fletcher）被誉为英国"魔术师"，他强调形式在设计中的服务性，他说："在设计中除了意念，其他所要做的就是涂抹。有时将某种色块组合在一起能够形成一个意念，但每件作品必须体现它自己独特的意念，否则就如同一个蹩脚的小说作者在试图写一本空洞无味的书，使人读起来如同嚼蜡。"在图形设计中，形式并非为自身而存在，而是必须面对内容，传达其内在含义。

图 2-1

第二节 形式语言探索与启示

一、技巧表现的意义

设计出“有意味的形式”必须经过基本的表现技巧的磨炼，类似于在独立完成文章之前进行广泛阅读和字词学习的过程。就如同写作需要成句、成段、成文的技巧一样，形式练习是为了培养设计师的技能，使其能够熟练地表达构想。最终将想法实现需要技巧的支持，仅仅有想法而不具备技巧，就如同有了文章标题和中心思想，却不知如何通过巧妙的语言来展现一样，难以将创意变为实际成果。

在《庄子·养生主》中，庖丁解牛的故事传达了“技进乎道”的理念，强调了了解问题的关键和通过娴熟的技术表现的重要性。先要理解解决问题的关键，然后通过熟练的技术表现和技巧为创作打下基础。因此，技巧的掌握是实现设计理念的关键，它能够使设计师灵活应对不同题材，根据需要变化“语调”，形成独特成熟的风格，而非陷入机械的表现惯性。

图 2-3

日本设计教育家朝仓直己强调，要创作出艺术设计所需的魅力形态，需要在指定的空间中巧妙地搭配各种形态，激发源源不断的灵感，并提升自己的品位。为了实现这一目标，设计师必须有实际造型的体验。因此，无论是造型的技巧还是其方法论，都有必要广泛了解。培养平面表现的基础能力必须从培养“造型力”入手，探求形态、色彩、质感、构图、表现法、直觉等各个方面的发展方法，以及材料造型的可能性。

技巧的表现是造型的必经之路。造型中的知识与技巧需要通过亲身实践才能被深刻理解和掌握。“自己动手一步步做”是培养对形态敏感性的关键。通过亲身体验，设计师才能更好地理解形态的表达方式，培养对色彩、材料、空间的敏感性，从而更富创造力地进行设计。

图形语言既然被视为一种语言，就必然具有词汇的基础和形式规则的语法。在这个语言的世界里，词汇扮演着关键的角色，它们是语言的基石。各种形式的词汇进入语言的结构中，才赋予其表达的可能性。同时，词汇的积累多寡及表达的准确性都会直接影响语言的传达效果。

图 2-1:
视觉艺术学院 250 门课程 | 海报 | 米尔顿·格拉塞 | 美国
图 2-2:
爱的秘密 | 图形 | 詹士维多 | 美国
图 2-3:
Designissues | 图形 | 詹士维多 | 美国

在图形语言课程中，第一步是引导学生通过形式语言的练习和启发，逐渐深入思考设计的本质；通过对图形语言的多种可能性进行探索，激发自身的创造力，培养对设计的独立思考能力；通过对图形语言的研究和实践，更好地理解设计的语法和规则，从而更灵活地运用图形元素进行创作。

图 2-4

图 2-4:
猫 | 插画 | 安迪·沃霍尔 | 美国
图 2-5:
拼贴技法 | 艺术作品 | 马克斯·恩斯特 | 法国
图 2-6:
拼贴技法 | 艺术作品 | 马克斯·恩斯特 | 法国
图 2-7:
刮擦技法 | 艺术作品 | 马克斯·恩斯特 | 法国

二、艺术语言风格的启蒙

如果对图形表现技巧一无所知且毫无思路，应通过学习现当代杰出的艺术作品来打开思维的大门。图形语言课程强调通过大量的设计阅读和现代艺术作品的欣赏来激发创造性思维，开阔视野。图形设计从出现至今一直与世界上重要的艺术流派密不可分，不同的艺术流派为设计提供了丰富的设计资源和启示，以及无限的灵感。以象征主义艺术的图示方法、新艺术运动的曲线图案、立体主义艺术的拼贴效果、表现主义艺术的扭曲变形、达达主义的感性表达、超现实主义的非凡想象力、后现代主义的自由叛逆等为例，这些艺术流派所包含的现代精神、艺术观念和表现技巧都深刻地影响着图形设计的发展。通过学习这些流派的作品，学生能够感受到不同的美感表达和创意手法，理解作品的实验价值、探索精神。这种综合创意、形式和游戏性的学习方式有助于培养学生全面的设计感知和独立的审美观。

图形的表现形式和艺术语言的形式虽然源自不同的本质服务对象，但它们可以相互借鉴、互相融合。20 世纪初的达达主义和超现实主义艺术流派涌现了许多杰出的艺术家，如马歇尔·杜尚、弗朗西斯·皮卡皮亚、曼·雷、马克斯·恩斯特、萨尔瓦多·达利、胡安·米罗、安德列·马松等，他们的作品深刻地体现了先锋的观念和卓越的表现技巧，这些影响一直延续至今。艺术家马克斯·恩斯特的作品巧妙地结合了不同的媒介、物品和技法，营造出梦幻般的荒诞、幽默与惊奇。马克斯·恩斯特的表现技法主要包括以下四种：① 拼贴技法，他经常从目录、杂志和图书中剪裁出现成的

图 2-5

图 2-6

图 2-7

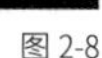
图 2-8

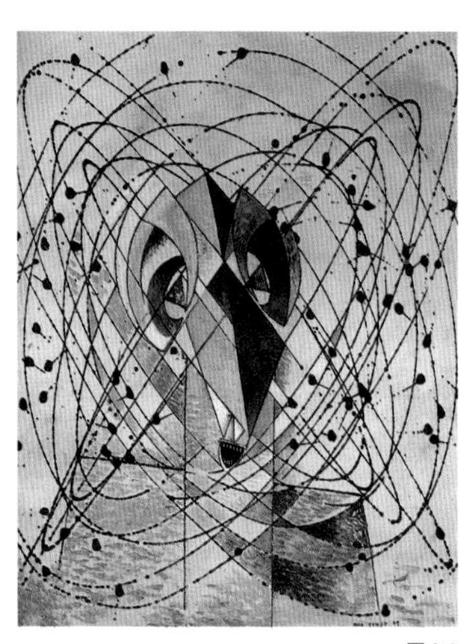
图 2-9

图 2-8：
刮擦技法 | 艺术作品 | 马克斯·恩斯特 | 法国
图 2-9：
滴彩技法 | 艺术作品 | 马克斯·恩斯特 | 法国
图 2-10：
考尔德树丛 | 雕塑作品 | 亚历山大 • 考尔德 | 美国
图 2-11~ 图 2-12：
有鳍的鱼 | 雕塑作品 | 亚历山大·考尔德 | 美国
图 2-13：
拼贴技法 | 艺术作品 | 彼得 • 布莱克 | 英国

印刷图像，通过涂抹、重新排列和对图像进行变形，再将它们结合在一起。通过对各种图像进行反理性组合，制造出一种不协调、怪异的感觉。② 刮擦技法，类似于将纸蒙在具有肌理质感的物体上进行摩擦，以创造出具有神秘美感和含蓄暗示的形象。③ 滕印技法，即在光滑的两张纸之间夹上颜料，压制后再拉开纸，得到具有意外色彩的奇异形象。④ 滴彩技法，像画圆圈或弧线，这种技法在后来美国抽象表现主义艺术家杰克逊·波洛克的作品中得到了更为极致的运用。马克斯·恩斯特以他独特的观念和技巧影响了许多先锋艺术家和设计师。

20 世纪雕塑领域的重要革新者亚历山大·考尔德以其独特的创作风格——“动态雕塑”和“静态雕塑”而闻名于世。考尔德从小就展现出非凡的创意才能，他喜欢在街上捡拾各种小铜片、木块、皮件、软塞、钉子及铜线，并将它们巧妙地制作成有趣的艺术品。他对于在垃圾桶中寻找宝藏充满了热情，能够利用各种材料如铁丝、木头创作新的玩具。即便是普通的铜片，在考尔德的凹凸压折下，也能够转变成可以独立站立的动物实体。成年后，他以仅使用铁丝创作的静态雕塑而崭露头角。他的作品以优雅细致和充满幽默感的漫画风格而著称。他创作的线性雕塑头像具有速写的特性，宛如“三维空间的素描线条”。虽然属于“静态雕塑”，但由于使用轻巧的铁丝，一旦被悬挂起来，就能随着风的吹拂而摇曳，从而产生微妙的动态感。考尔德能够运用铁丝、玻璃等材料创作出生动有趣的动态作品，如他的代表作之一《有鳍的鱼》。他先用铁丝弯曲出鱼的形状，然后与一个网状结构相结合，中间悬挂一些玻璃碎片、扣子、贝壳等现成的物品。考尔德的静态雕

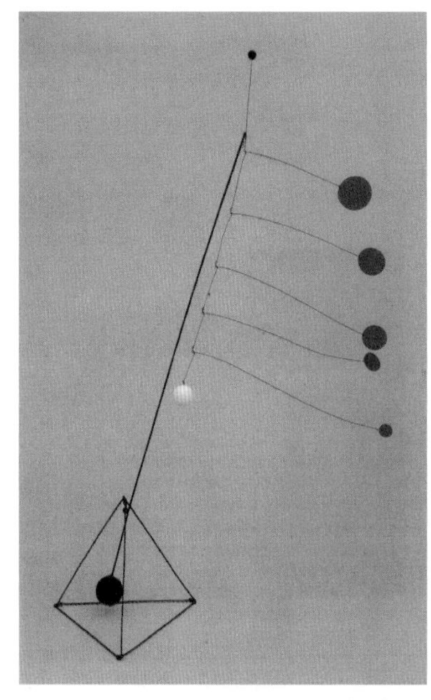
图 2-10

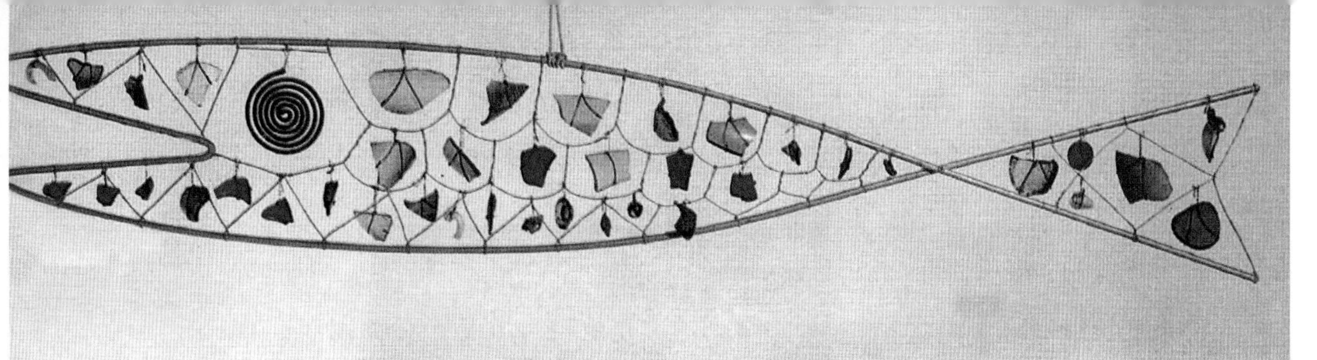

图 2-11

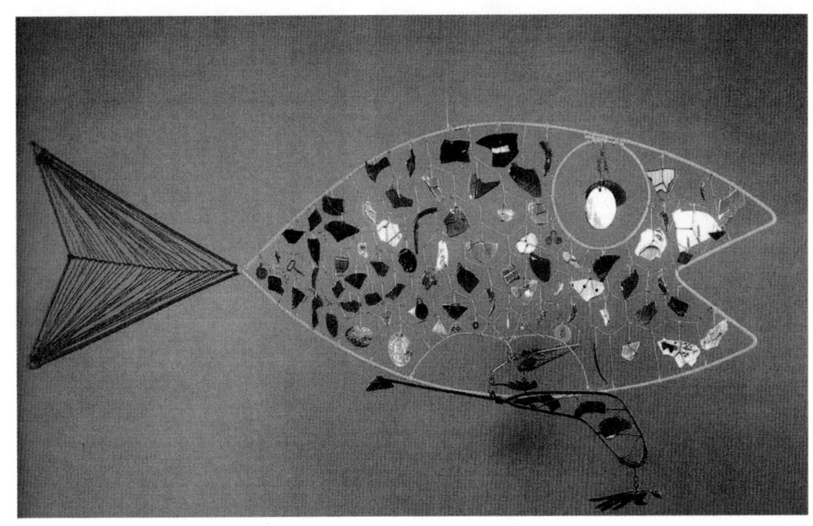

图 2-12

塑给人以蜻蜓点水般的轻盈舞姿，而动态雕塑则呈现出千变万化的造型美。他作品中微妙的律动传达了生命和宇宙悦动的奥秘，充满了丰富的想象力和创造力。

图 2-13

后现代主义的波普艺术从大众文化中汲取灵感，将通俗的题材提升到艺术文化的层面，其形式和风格百花齐放。苏格兰艺术家爱德华多·保罗齐（Eduardo Paolozzi）以剪报的方式创作讽刺拼贴画，他从各种刊物中剪裁照片，并将它们与美国大众消费品的图片相结合，创造出蒙太奇效果。波普艺术的奠基人安迪·沃霍尔（Andy Warhol）通过图像的重复印刷，采用丝网印刷的方式生成不准确、粗糙的图像，利用油墨不均匀的版面展开了一场“形式实验”。安迪·沃霍尔还创作了富有想象力的“墨迹画”，先用墨笔在光滑的纸面上绘制出形象，然后对纸张进行对折，折页的另一面留有墨的纹理，印刷出来的线条摇摆不定且不连贯，就像由缺了墨的水笔所画。这种断线和斑驳的外观类似蜡染效果，赋予形态以独特的韵味。

图 2-14

图 2-15

图 2-16

图 2-17

另一位波普艺术大师罗伊·利希藤斯坦开创了纯粹的美国新绘画风格。他的作品题材取自漫画、日用品、广告及一些美术史上著名画家的作品造型，通过挪用与创新，再转化成他自己独创的技法与创作风格。他擅长笔法画和斑点画。先用笔法画的手法绘制机械式的外形轮廓，然后对其描绘的形状进行平涂，用色谨慎而克制。斑点画主要运用点与点之间大小的距离变化，制造出深浅不一、大小不同的图像效果。晚年，他还尝试创作中国式的网点山水，从西方艺术家的视角追求东方绘画中的宁静气息。

设计本身是一项创造性的活动，融合了不同类型的艺术语言、各种思潮和观念。因而了解不同的艺术流派成为培养创造性思维的一种途径。在观察的过程中，关键在于从艺术作品中解读其思维，学习其多样的技法表现。通过对实际造型的反复体验，我们能够在实践和感知中不断提升自己的审美力和创造力。这不仅是对艺术流派学习的过程，更是对创作思维的磨炼和提升的过程。

三、经典设计的阅读和学习

学生在初次接触专业设计时，除了专业知识和表现技巧的不足，对经典设计的阅读了解往往也较为匮乏，导致在创作时容易陷入词穷，缺乏构思能力。那么，为什么要阅读经典呢？被称为经典的作品，都是历经时间考验的，蕴含着不同寻常的思维方式和技艺。阅读经典意味着能够汲取那些经过岁月沉淀、语言功力达到炉火纯青境地的“真材实料”。

包豪斯教师约翰·伊顿在《造型与形式构成》一书中提到：“了解古典大师的创作方法是有益的，它能够提高学生对画面秩序和布局的认识，以及对节奏和品质的感觉。”这段话的延伸意义即通过观摩大量杰出的艺术设计作品，提升眼力、拓展思维、培养美感。任何人的智慧都需要建立在前人的知识经验之上，伟大的人之所以伟大，是因为他们能够站在前人的肩膀上看待世界。了解经典设计就如同阅读高质量的书籍，能够吸收丰富的“营养”。在平面设计这个对审美素养要求极高的专业中，除了进行实践，提高眼界和品位同样至关重要。通过对经典设计的深入理解，学生不仅能够汲取前人的智慧，还能够在创作中发现新的可能性，不断提升自己的设计水平。

荷兰设计师迪克·布鲁纳（Dick Bruna）创作了世界闻名的米菲形象，是极简主义的代表。布鲁纳坦言，他受野兽派艺术家亨利·马蒂斯的影响很深，甚至将马蒂斯的复制品放在一个标有“灵感来源”的文件夹中。他收集自己看到的和欣赏的东西，但并非完全模仿，而是精巧地选择能够应用的元素，创作出完全属于他自己的画面。日本设计大师福田繁雄自言创作思路受到了鲁宾之杯等视觉错觉原理的启发，开始了对视觉游戏的探索。此外，他还受到了荷兰艺术家莫里茨·科内利斯·埃舍尔（M.C. Escher）和比利时艺术家勒内·马格利特（R. Magritte）在绘画中运用错视与视觉异化手法的影响。通过对这些影响的提炼、萃取和吸收，福田繁雄最终发展出了自己独特的语言，建立了自己的视觉国度。

图 2-14：
丝网印刷作品 | 艺术作品 | 安迪·沃霍尔 | 美国
图 2-15：
墨迹画 | 艺术作品 | 安迪·沃霍尔 | 美国
图 2-16：
笔法画 | 艺术作品 | 罗伊·利希滕斯坦 | 美国
图 2-17：
斑点画 | 艺术作品 | 罗伊·利希滕斯坦 | 美国

在教学内容中安排对经典设计作品的解读与学习是开启学生

图 2-18

图 2-19

新思维的方式。如果初学者只是按照自己的想法一味地练习下去，容易形成固定、粗糙、程式化的作品。通过对经典设计作品的学习、理解、吸收和思考，然后再进行创作，学生可以扎实地掌握基本技巧，最终发展出自己的设计“语言”。这个过程将初学者从“坐井观天”的局限视野扩展到了“广阔无垠的天空”，激发了创意思维和设计表达的多样性。

经典设计作品通常能引领时代风向，在设计史上具有开创性的意义，如纽约平面设计、波兰海报、观念形象设计、欧洲视觉、日本平面设计等流派的作品。这些流派大师的语言风格具有高度的个人符号特质。简单地临摹其形式，或在不了解其设计理念的情况下盲目借鉴，只能是“东施效颦”。迂腐者只模仿其形式，而灵慧者则深入理解其中的设计思想。

解析经典作品应侧重让学生了解创意思维和精妙的语言风格如何“默契地联手”，形式与内容如何互融互合。同时要求学生课后通过网络或书籍进一步深入调研，了解作品背后的创意以及形式语言的特点。如果学生有意尝试运用这种形式语言，也需要具备智慧并在学习中进行灵活的转译。总体而言，“手法可以借鉴，概念绝不混搭”是需要特别注意的原则。

图 2-18:
剪纸艺术 | 艺术作品 | 亨利·马蒂斯 | 法国
图 2-19:
米菲看画展 | 艺术作品 | 迪克·布鲁纳 | 荷兰
图 2-20:
人类寄生虫 | 海报 | Verenamack | 德国
图 2-21:
维沃斯 | 海报 | hesign | 德国
图 2-22:
可持续性日光节：思考行动 | 海报 | Michaelsperanza | 瑞士
图 2-23:
加油，加油 | 海报 | 汤姆逊 | 瑞士

四、当代图形设计发展和关注

我们正身处一个人类历史上前所未有的视觉富裕、充满视觉张力的时代，而图形设计作为一门更新迭代快速的媒介语言，也是最富有时代气息的视觉语言之一。正如康定斯基所言：“每一件作品都是它所处时代的产物。”图形设计的意义正在于此。

今天的图形设计已经从过去的印刷媒介、电子媒介逐渐转向多维媒介，呈现形式也从平面扩展到了活动、声光综合和立体。科学和技术的迅猛发展使得图形设计步入了毫无定式的表现时代。数字时代的图形设计展现出了非凡的想象力和创造力，同时对艺术媒介和视觉语言的驾驭力以及表现力令人惊叹。图形设计师不断追求新的创意方法，利用新兴技术，开拓新的表现领域，使得这门艺术在当代呈现出多样性和前所未有的活力。

图形的表现手段丰富多样，几乎每隔一段时间就能看到新的图形风格如雨后春笋般蓬勃而出。对图形的了解和掌握除了理解其基本的设计原理和形式法则，还需要适时关注图形的最新演变动态。这包括了解最前沿的设计发展，如近年来流行的孟菲斯风格、MBE 风格、新波普风格、超现实风格、像素风格、3D 风格等。年轻一代普遍比较关注新动态的视觉语言。一方面，各大设计平台不断推送国内外最新的设计作品，使学生能在第一时间获知最新的设计信息。另一方面，学生对新出现的事物充满好奇，能够快速接受。毕竟，图形在特定的时代体现着特定的文化倾向和审美情趣，图形的发展也反映出一个时代的精神和观念。

当然，某些设计风格也许会“昙花一现”，像流星般转瞬即逝；而某些设计风格则不断演化，最终成为经典。本教材将有指向性地引导学生选择有代表性的作品进行评析，避免只是粗浅地模仿，陷入“视觉丑化”的导向。深入理解图形设计的多样性，并学会运用这些多样性中的元素，有助于学生更好地应对不断变化的设计潮流，培养创新意识和独立思考的能力。

图 2-20

图 2-21

图 2-22

图 2-23

第三节　形式语言技巧与表现

一、手绘风格的表达

在图形语言课程学习的初步阶段，要求运用一切可表现的工具对形进行探索性表达。目的是让学生通过视觉和触觉感知所表现物的色彩、肌理，以及微妙的细节变化的“质感”，从而加深对所表现物的审美认知。通过不同工具的挖掘，学生可以创作出新鲜的视觉形象。

手绘风格的线条、色彩、笔触赋予绘制的形象一种“无拘无束”的自然、生动、个性的艺术特质。日本设计大师永井一正（Kazumasa Nagai）认为，只有在工具不便时创造力才会产生。“电脑是最方便的道具，画线可以一模一样。而徒手画线，每一处都不一样。我坚持用不方便的钢笔或蚀刻版画进行创作，因为手能够捕捉自身的感觉，更容易展现自己的个性。”许多设计大师都能自由运用各种绘画材料，如蜡笔、丙烯、彩色铅笔、水彩、水粉、油画棒、色粉笔、水墨等，同时也能运用剪纸、折纸、撕纸等手工创作方式表现图形。手绘能够创造出别具一格的语言感染力，体现特殊的图形气质和个人风格。英国设计师艾伦·弗莱彻经常使用水彩或墨水表现图形。他的作品貌似以漫不经心的手绘笔触勾勒出轻松的形态，实际上经历了长时间的冥思苦想，是精心之作。仔细品味其形象，可见其中深刻而巧妙的意境。

图 2-24

波兰海报派设计大师们精湛高超的手绘表现成为平面设计界独特的“奇异之花”。例如，亨利·托马耶夫斯基（Henryk Tomaszewski）的海报几乎都采用手绘、拼贴的方式，简约生动、色彩鲜明，隐晦地传达着主题，轻松诙谐，暗讽戏谑。瓦德玛·斯威兹（Waldemar Swierzy）的手绘作品充满了表现主义的艺术特色。他的用笔生动狂放，色彩浓烈刺激，非常巧妙地运用了点、线、面的形态构成方式，手法多变。在当今电脑技巧表现层出不穷、花样繁多的时代，手绘的表现尤显质朴珍贵。本教材强调手绘表现的重要性，并尝试不同媒介的语言表达方式。

图 2-25

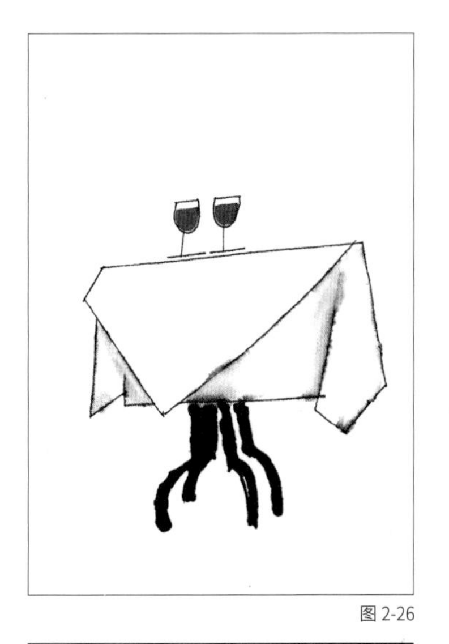

图 2-26

图 2-27

图 2-28

图 2-29

值得注意的是，如今的数位板和 iPad 也可以呈现出视觉上真实的手绘效果。与传统手绘相比，数位板和 iPad 的绘制方式提供了一种不同的体验。其中一种是通过视觉触感，另一种是通过实际触感，这就像电子书和实体书之间的差异一样。在数字时代，学生可以选择适合自己的方式进行表达，而了解和体验这些不同的工具和媒介有助于培养多样性的创作技能。

近年来，插画成为越来越多年轻人热衷学习的图形语言。插画具有设计师的主观意识，是个性审美的强烈表现，其独特的风格使得视觉语言的认知度极高。在平面设计史上，许多杰出的设计师将插画视为一种“语言符号”进行设计创作。插画作为一种艺术表达方式，通过图像的形式传达情感、观念和故事，具有直观、生动、富有创意的特点。

图 2-24：
Life2004 | 海报 | 永井一正 | 日本
图 2-25：
JAPAN2003 | 海报 | 永井一正 | 日本
图 2-26 ~ 图 2-27：
明信片 | 插画 | 艾伦·弗莱彻 | 英国
图 2-28：
维尔托德·贡布维罗奇的历史 | 海报 | 亨利·托马耶夫斯基 | 波兰
图 2-29：
一个流氓的日记 | 海报 | 亨利·托马耶夫斯基 | 波兰

图 2-30

图 2-31

插画不仅在传统印刷媒体中占有一席之地，而且在数字媒体时代得到了更为广泛的应用。社交媒体平台、移动应用程序等都成为插画师展示作品和与观者互动的重要场所。插画的多样性使得设计师能够通过不同的风格和技巧表达自己独特的创意，从而为视觉传达提供了更为丰富和生动的选择。

插画设计师常常通过实践和观摩积累经验，逐渐形成自己的风格和语言。插画的创作过程既注重艺术技巧的培养，也注重表达能力的提升。通过插画的学习，设计者能够更好地理解图形语言的深层次含义，培养自己对色彩、形状、线条等视觉元素的敏感性，进而更好地运用这些元素进行创作，打造具有个性和感染力的视觉作品。

米尔顿·格拉塞（Milton Glaser）是美国历史上最重要的平面设计师之一。《纽约时报》称米尔顿·格拉塞通过运用鲜艳的色彩和图形设计“改变了 20 世纪六七十年代的美国视觉文化”。他的作

图 2-30：
爵士大师比莉·哈乐黛 | 海报 | 瓦德玛·斯威兹 | 波兰
图 2-31：
马雅可夫斯基 | 海报 | 瓦德玛·斯威兹 | 波兰
图 2-32：
爵士 | 插画 | 米尔顿·格拉塞 | 美国
图 2-33：
鲍勃·迪伦 | 海报 | 米尔顿·格拉塞 | 美国
图 2-34：
新港爵士音乐节海报 | 米尔顿·格拉塞 | 美国
图 2-35：
插画 | 书籍设计 | 米尔顿·格拉塞 | 美国

图 2-32

图 2-33

图 2-34

图 2-35

品大量采用插画表现，其中一个显著特征是使用非常细的黑色线条作为图形的轮廓线。这种手法与当时美国流行的连环图书插画非常相似，具有单线平涂的独特特点。

米尔顿·格拉塞为鲍勃·迪伦设计的海报是他的代表作之一。在这张海报中，他运用黑色细线将迪伦如彩虹般的卷发分割，这种手法既回应了当时流行的迷幻艺术风格，又顺应了当时的文化和设计潮流，形成了鲜明的标志性语言风格。米尔顿·格拉塞以其对图形设计的卓越贡献和对行业的深远影响而闻名。他的作品不仅在艺术性和创造性方面成就显著，同时也塑造了整个时代的视觉文化，为平面设计树立了新的标杆。

西摩·切瓦斯特（Seymour Chwast）与米尔顿·格拉塞同为图钉设计工作室的创办人，他们共同领导了20世纪新美国视觉设计运动，开创了插画与设计结合的新时代。西摩·切瓦斯特的插画语言融合了原始艺术、民间艺术、表现主义木刻、儿童读物插图、连环画、维多利亚风格等多种元素。受到波普艺术和嬉皮文化的影响，他的作品充满了粗放豪迈的美式幽默。西摩·切瓦斯特常常运用线描和色彩平涂，以夸张的漫画风格创造出轻快活泼、通俗易懂的视觉作品。他的插画具有独特的视觉形式，成为一种极具艺术韵味的设计语言。

图 2-36

图 2-37

图 2-38

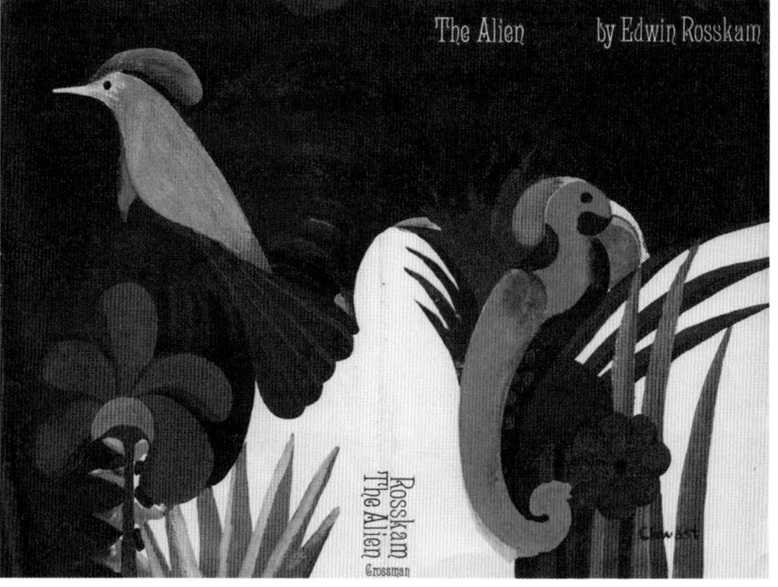

图 2-39

图 2-36：
插画 | 书籍设计 | 西摩·切瓦斯特 | 美国
图 2-37：
促进和平与正义 | 海报 | 西摩·切瓦斯特 | 美国
图 2-38：
个人设计展览 | 海报 | 西摩·切瓦斯特 | 美国
图 2-39：
插画 | 书籍设计 | 西摩·切瓦斯特 | 美国
图 2-40：
秋 | 海报 | 秋山孝 | 日本
图 2-41：
鸟艺术周 | 海报 | 秋山孝 | 日本
图 2-42～图 2-43：
学术演讲 | 海报 | 兰尼·索曼斯 | 美国

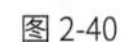
图 2-40

图 2-41

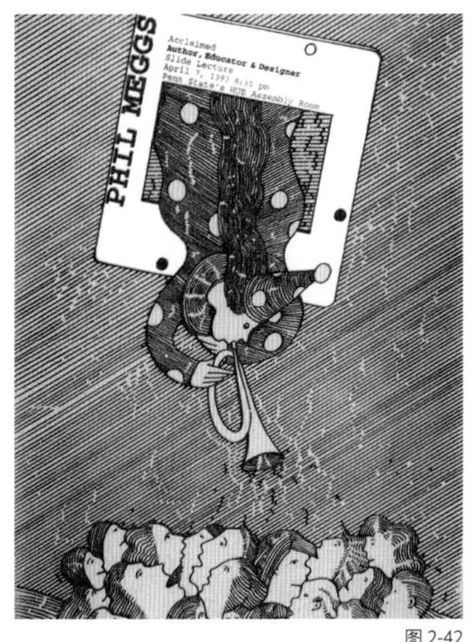

图 2-42

日本设计师秋山孝（Akiyama Takashi）以卡通插画的形式表现作品主题，经常通过拟人化的手法揭示概念的深刻内涵，其设计风格富有趣味和诙谐感。他的作品特色在于粗黑的装饰线、生动活泼的形态，以及纯色的鲜明对比。通过运用这些视觉元素，秋山孝创造出独特而引人注目的图形表达方式。他的插画作品常常具有轻松幽默的氛围，通过简单而生动的线条和颜色，成功地传达了作品所要表达的主题，并在卡通插画领域展现出自己独特的艺术风格。这种形象化的设计语言使他在日本设计界备受瞩目，也为卡通插画带来了一种新颖而有趣的审美。

美国设计师兰尼·索曼斯（Lanny Sommese）的插画风格极具独个性。他曾系统研究过欧洲木刻和 19 世纪科学杂志上的蚀刻版画，同时深受美国传统和现代文化中人们普遍喜爱的卡通艺术造型的影响。兰尼·索曼斯成功地将欧洲传统艺术和美国卡通文化巧妙地融合在自己的插画中，这种独特的插画语言既继承了传统，又注入了现代元素，为观众呈现出富有创意和深度的艺术作品。兰尼·索曼斯绘制的插画形象生动且富有激情，表现出一种“潇洒”的感觉，然而在这些貌似轻松的形象之下，实则蕴含着辛辣的讽刺，具备振聋发聩的力量。

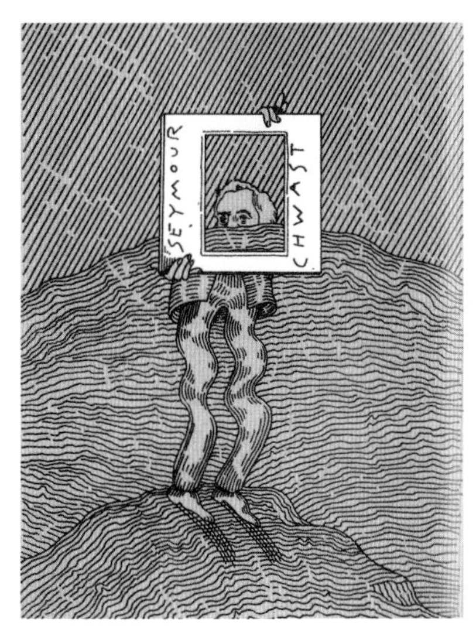

图 2-43

荷兰平面插画师 Zeloot 的作品风格独特，巧妙地融合了平面设计和插画的特点，呈现出充满无尽想象力的视觉盛宴。Zeloot 通过对色彩、形状和构图的精妙运用，创作出视觉上引人入胜的作品。她的插画作品展示了对艺术媒介的独特理解和对创造力的敏锐把握。通过丝网印刷这一传统工艺，她赋予作品深厚的质感，散发着一种神秘而引人入胜的艺术魅力，使观者沉浸在斑斓的色彩和抽象形态之中。

图 2-44

图 2-45

图 2-46

图 2-47

巴西插画师 Walter Vasconcelos 被誉为“创造性的天才”。他喜欢将多种形式和元素巧妙地糅合在一起，重新构造不相关的事物，灵活安排墨水点、涂抹、旧纸、手写字体、老照片、图标等元素。他将抽象的图形与具象的图像相互拼贴，使作品呈现出形态稚拙、画面妙趣横生的特点，营造出一种超现实主义的视觉观感，充满着奇特的吸引力。Walter Vasconcelos 表现出对图形语言的独特解读和对创意的尽力探索，通过将看似不相关的元素融合在一起，创造出具有强烈个性和视觉冲击力的艺术作品。

图 2-44～图 2-45：
自由创作 | 插画 | Zeloot | 荷兰
图 2-46～图 2-47：
自由创作 | 插画 | Walter Vasconcelos | 巴西
图 2-48：
猫系列 | 插画 | 仲条正义 | 日本

图 2-48

涂鸦插画是一种常见的艺术表现形式，作为街头潮流文化为大众所熟知，特别受年轻人的喜爱。涂鸦插画具有天生的印象派特质，表现出自由、随性、浓烈、绚丽、大胆、叛逆的创作特性。涂鸦的画笔种类繁多，包括粉笔、蘸墨水笔、钢笔、喷漆罐、刷子等。绘画的地方也不受限制，可以涂画在墙面、广告牌、水泥柱、布料、木头、皮革、照片等各种材质上。

图 2-49

涂鸦插画常具有即兴表达、一气呵成的特点，呈现出自然流露的感觉。其形象富有现代感和潮流感，充满了个性。通过涂鸦插画的创作，艺术家们可以在视觉上传达情感和思想，同时展示出对艺术的独特诠释和对创作过程的独立态度。

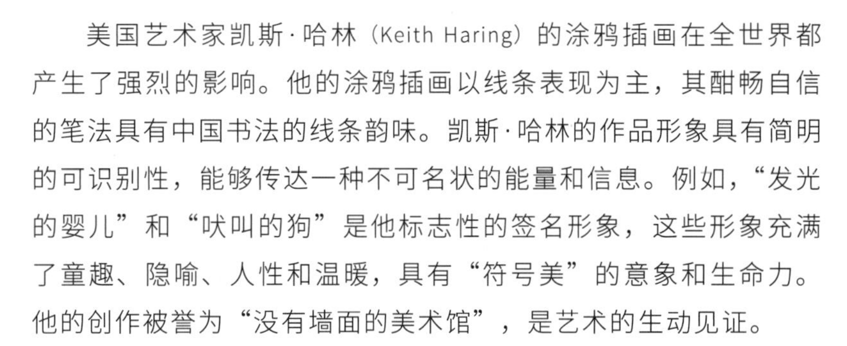

美国艺术家凯斯·哈林（Keith Haring）的涂鸦插画在全世界都产生了强烈的影响。他的涂鸦插画以线条表现为主，其酣畅自信的笔法具有中国书法的线条韵味。凯斯·哈林的作品形象具有简明的可识别性，能够传达一种不可名状的能量和信息。例如，“发光的婴儿”和“吠叫的狗”是他标志性的签名形象，这些形象充满了童趣、隐喻、人性和温暖，具有“符号美”的意象和生命力。他的创作被誉为“没有墙面的美术馆”，是艺术的生动见证。

图 2-50

在英国艺术家 Mr. Doodle 的创作世界中，一切物体都被赋予了涂鸦的魔力，成了他独特的画布。他通过自信有力的线条，创造出了独特的符号形态，只要拿起画笔，形象就源源不断涌现。Mr. Doodle 的涂鸦几乎要溢出画面，占据了空间的每一个角落，仿佛无法透气，但观者在欣赏时却能够得到无限的释放。这种简单而充满趣味的创作给人带来了快乐，展示了涂鸦插画所创造的神奇效果。他的作品让人感受到一种独特的生命力和创造力，仿佛涂鸦的力量可以超越画布的限制，无拘无束地散发出创意的光芒。

图 2-51

图 2-52

图 2-53

图 2-54

图 2-49：
在巴黎丹尼尔画廊的个人展览 | 海报 | 凯斯·哈林 | 美国
图 2-50：
哈林在德国杜塞道夫进行绘画创作 | 插画 | 凯斯·哈林 | 美国
图 2-51：
反对核武器 | 海报 | 凯斯·哈林 | 美国
图 2-52～图 2-54：
自由创作 | 插画 | Mr.Doodle | 英国

二、材料肌理的探求

在艺术造型中，接触材料是探索的第一步。除常见的材料，艺术家还需要深入挖掘其他各种材料，以促进构思的灵活性并发现新的形态。举例来说，日本茶道中的茶筅就是一种用来点抹茶的工具，仅由一片竹子制作而成。其无论是材料的选择还是制作过程，都将原理、简约和克制追求到了极致。要想创作出这样的作品，艺术家需要对特定素材保持持久的探索。换句话说，通过捕捉无数可能性，艺术家才能找到理想的形态，这是一种不断尝试与试验的过程。

图 2-55

设计“魔术师”艾伦·弗莱彻以善于利用废旧材料设计制作有趣图形而闻名。一次，为了逗他三岁的孙子开心，他巧妙地将各种废旧材料，包括塑料勺子、线头、烟盒、图钉、衣钩、缎带、电线以及各种新闻纸，组合在一起。通过涂抹鲜艳的颜色，他创作出了一系列憨态可掬的“动物世界”作品。这些作品别具一格，充满趣味，展现了艾伦·弗莱彻独特的创意思维和转换的艺术方式。他的设计不仅是对废旧材料的巧妙运用，更是一种对反思与转换思维的深刻表达。

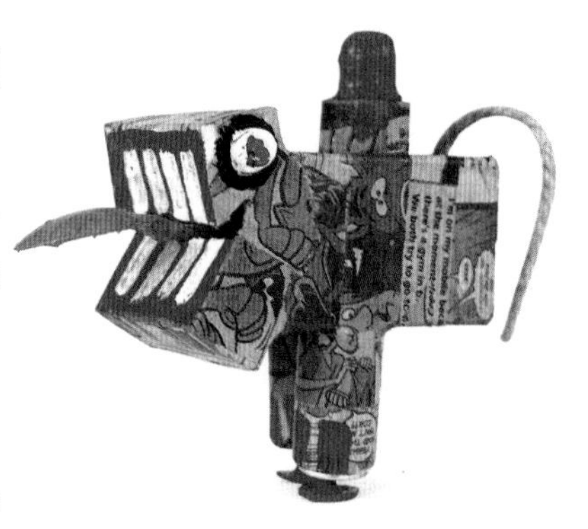

图 2-56

为了深入探究创造性视觉经验中最简单、最基本的因素，并验证这种探究的作用，我们需要从那些经常出现在构图中的简单材料中汲取灵感。纸张、胶合板、金属丝、石膏、饮料吸管、棉签、胶水、竹签、橡皮筋、大头针、图钉等都可以成为艺术创作的材料。在创作中，我们应该允许自己随意发挥，依靠直觉来表现，利用感觉活动中的自然势头帮助我们开发直觉的判断能力。举例来说，可以尝试使用一根火柴杆蘸墨水进行绘画，或者运用一条脆弱的金属丝来表达情感。这样的实践有助于发挥创造力，让我们更加敏锐地感知和利用身边的简单材料。

在探索创造性视觉经验的过程中，可以尝试使用铅笔、炭笔、炭条等绘画工具的肌理进行拓印，或者通过重叠拓印产生独特的效果。收集一些具有不同表面肌理的材料碎片，将它们拼贴成“印版”也是一种有趣的尝试。另外，也可以将纸片切割成不同的形状，折叠并粘贴它们，然后用辊子将颜料或墨水滚涂在上面进行拓印。

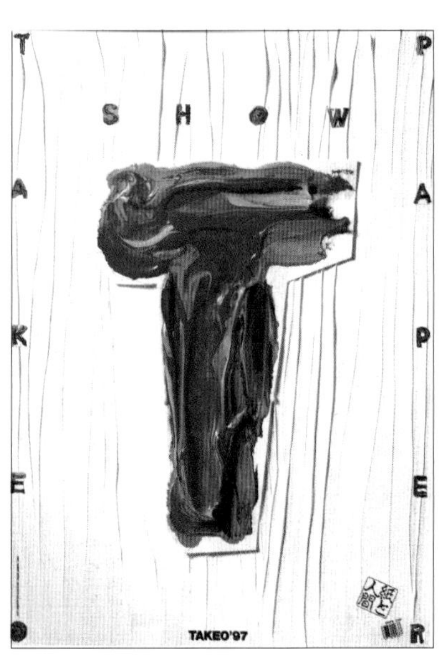

图 2-57

图 2-55：
材料创作 | 艺术作品 | 妮基·圣法尔 | 法国
图 2-56：
材料创作 | 设计作品 | 艾伦·弗莱彻 | 英国
图 2-57：
竹尾纸业展 | 海报 | 下岗茂 | 日本
图 2-58 ~ 图 2-60：
无印良品露营地系列作品 | 海报 | 新村则人 | 日本

此外，使用辊子将一种颜色叠印在另一种颜色上，运用基本的印刷方法，也可以实现简单而富有创意的彩色印制效果。这些尝试将为设计师带来新的视觉体验和技巧的拓展。

在设计语言中，材料和媒介的表现呈现了丰富多样的可能性，为设计师提供了各种独特而新颖的视觉效果。这种多样性避免了仅仅依赖电脑或惯常的笔类工具创作所带来的常见形式。日本设计师新村则人擅长运用各种材料进行创作，并强调“真实感要比技术宝贵得多”。他设计的海报，大量运用实物拍摄，通过独特的创意视角关注和思考人与自然之间的关系。如，他在为无印良品露营地设计的海报中，使用瓦楞纸和环保纸，通过照明和远近的调整，打造出具有氛围感的“瓦楞纸板露营地”。在另一系列海报中，他使用木纹来表达露营地的湖、草原等风景，创作了系列《木纹》海报。通过在真实的木板上进行染色，并经过大量的找色实验和木板选择，最终呈现出质感明显、朴素雅致、令人动容的设计效果。

新村则人的设计灵感来源于他小时候父亲的影响，对自然充满热爱。他经常在森林中采集植物，并将这一兴趣融入创作中。他运用采集来的植物，有时制作成拓印，有时制作成蓝印，创作了许多以植物为要素的设计作品，展现出最纯粹的自然力量。新村则人的设计作品充满了手工的温情、自然的语言、质朴的情感和独特的质地。

图 2-58

图 2-59

图 2-60

课题训练　形态的诞生

在日常生活中，无处不是设计的源泉。酒、咖啡残渣、番茄汁、果酱、胶水、牙膏，甚至不小心被打翻的酸奶、随风飘落的树叶、无意间流淌的半固体饮料等，都可以成为创作的亮点。通过观察，我们能够发现以前被忽视的事物在设计中焕发出新的生命。学生需要在这个发现的过程中，深刻体会不同材料和技法带来的各种独特反应，以及素材的巧妙运用所带来的形态多样性。通过构图的精巧安排、摄影的巧妙处理、光影的灵活运用，以及电脑后期制作的技能，设计师能够打造出令人耳目一新的图形效果。这种创作过程不仅挖掘了日常生活中的美感，还展现了艺术在于发现和表达的核心理念。通过将看似普通的物品赋予新的设计意义，学生有机会创作出引人注目、独特而新颖的艺术作品。这样的实践不仅有助于培养学生的审美观和创意思维，同时也突显了设计的无穷可能性，即便是最平凡的事物，也可以成为艺术的灵感之源。

课题训练旨在激发学生重新审视日常生活中的一切，重新定义所谓“无用物”的价值，并利用身边丰富的资源进行深入探索，挖掘生活中蕴含的无限创意。这种训练有以下四个目的。

1．培养独特的观察力：通过实践练习，培养学生发现事物独特性的眼光。学生将学会从新的角度观察日常生活，发现平凡事物中蕴含的美和独特之处，从而提升对艺术的审美感知。

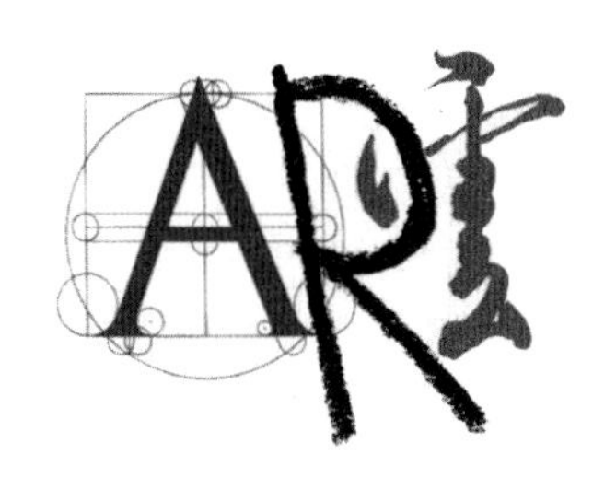

2．建立形态敏感性：课题训练旨在培养学生在形式探索中建立对形态的敏感性。通过实践，学生将逐渐理解图形创作的基本规律和方法，从而在艺术创作中展现更加精湛的技能。

3．发现个人形式语言：学生将在观察的过程中发现自己的形式语言。从材料的选择到作品的创作，学生将通过实验和尝试，建立起对形式的敏感性。这有助于学生在创作中找到自己独特的表达方式。

4．把握偶然：课题训练鼓励学生以开放的心态进行表现。学生将学会在创作过程中灵活应对偶然因素，将偶然性融入作品，从而创造出更加富有灵性和个性的艺术表达方式。

通过这样的课题训练，学生将不仅是技术的运用者，更是有着独立思考和创作能力的设计师，能够通过自己的作品传达深刻的观念和情感。

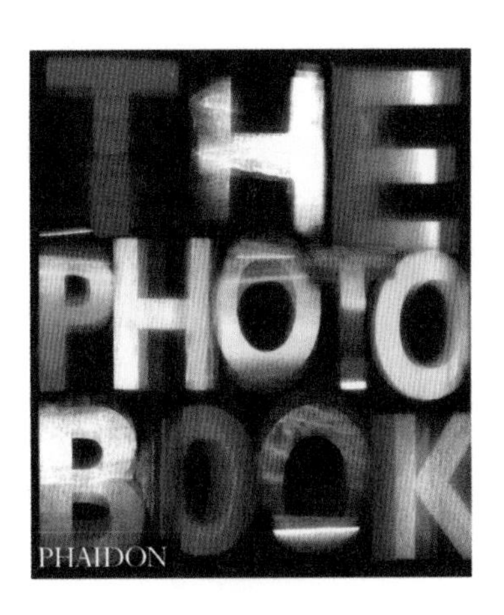

The art book for children

课题训练一：字母形式求解

在这个课题中，学生的任务是以字母为表现对象，通过探索形式的多解方式，保留字母的根本特征，并通过巧妙运用材质唤起新的好奇心，提升对字母的新认知。传统上，我们习惯用笔来描绘线条，但在这个创作过程中，学生被鼓励尝试用更加多样的工具或材料，如树枝、石头、棉线等，来蘸取墨水进行表现。这样的做法不仅有助于拓展学生的创作思路，还能够在形式表达中引入新的感官体验。

学生要仔细观察选定的材料，理解它们的视觉和触觉特性。通过用不同的感官去感知和理解字母形状，学生可以从多个角度出发，为字母赋予更加丰富的表现形式。这种视觉和触觉之间的差异性将成为创作的灵感之源。

这个过程的核心思想是，一旦学生打开思维的大门，任何东西都可以成为图形练习的工具和材料。通过这样的实践，学生将能够建立起与字母形象不同寻常的联系，创造出独特而富有表现力的作品。这种探索式的学习不仅培养了学生对形式的敏感性，也在审美和创意方面激发了他们的潜力。

尺寸：A4

数量：10 张

色彩：不限

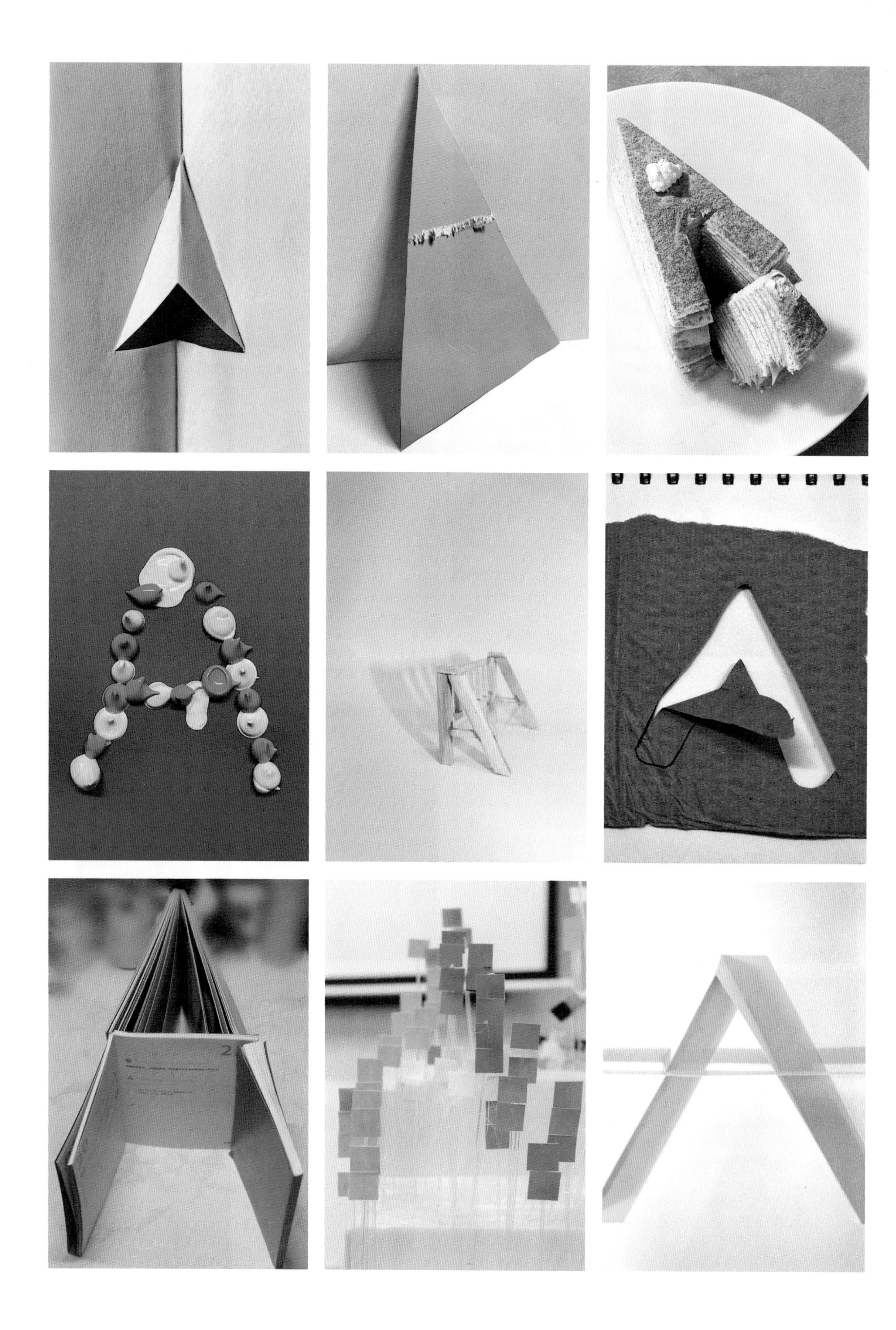

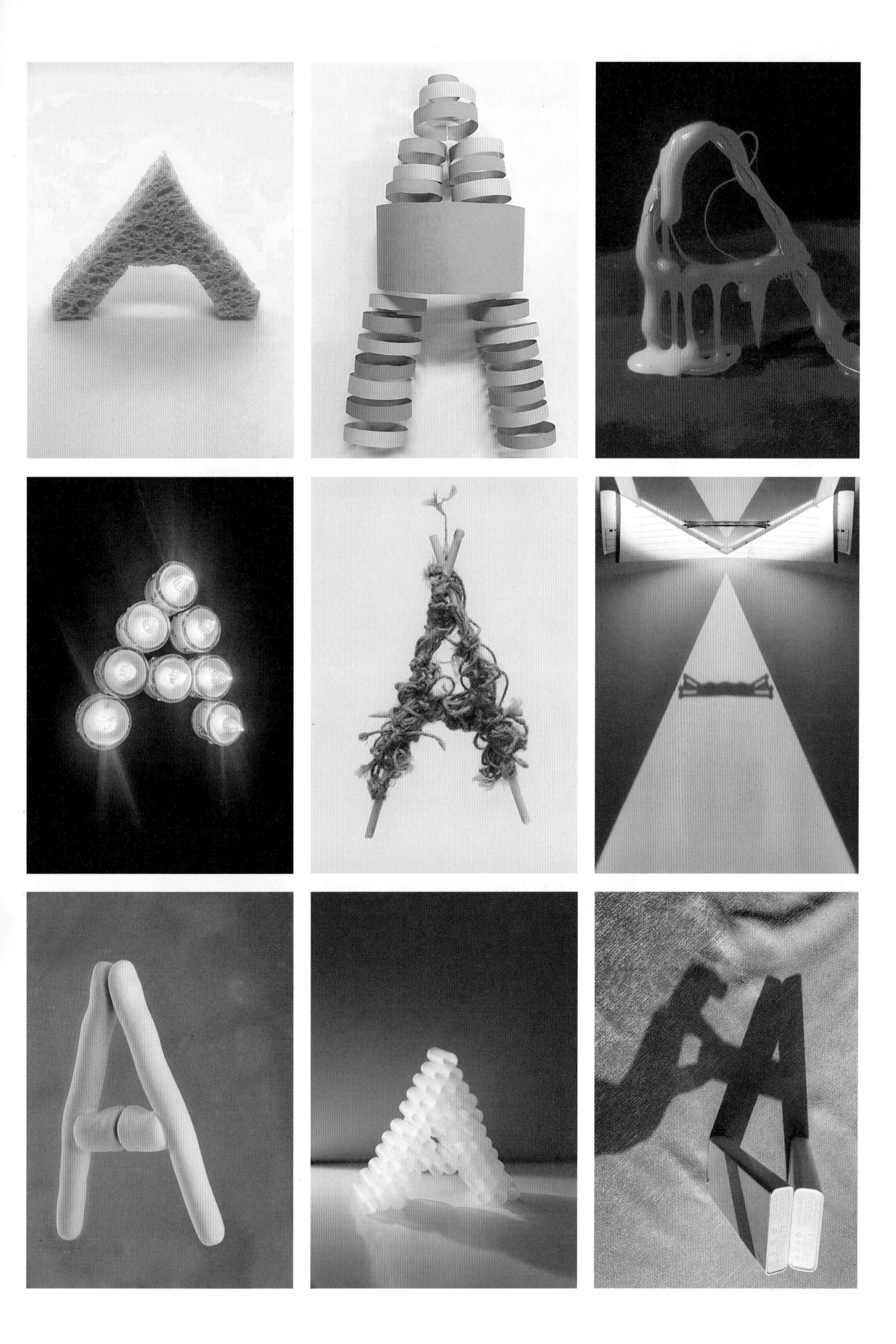

课题训练二：“PLAY”的形式求解

在这个创作阶段，通过“玩形式”的方式，学生在轻松的状态中寻找感觉，研究图形表现。课题要求以英文单词“PLAY”为表现对象，不论大小写，纯粹运用字母的形态进行表现，而不需要关注单词的实际含义。重点是在不影响字母的识别性的基础上，大胆地强化其视觉效果，进行多种途径的视觉尝试。

在这个过程中，学生有机会感受到约定俗成的形象所具有的设计意义，以及在设计中重新塑造形象的可能性。通过对字母的重新构思和演绎，学生可以突破传统的认知框架，发掘出更富有创意和表现力的形式。这种活动也有助于培养学生对视觉元素的敏感性，同时锻炼他们的创造力和表达能力。

总体而言，通过“玩形式”的实践，学生在尝试不同的设计可能性的同时，加深了对形式表达的灵活性和多样性的认识。这种轻松而富有趣味的学习方式有助于激发学生的创造潜能，拓宽其设计思维。

尺寸：A4
数量：10 张
色彩：不限

PLAY

PLAY

PLAY

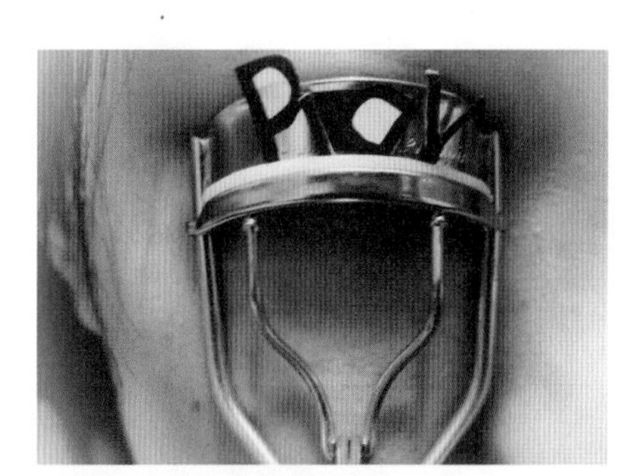

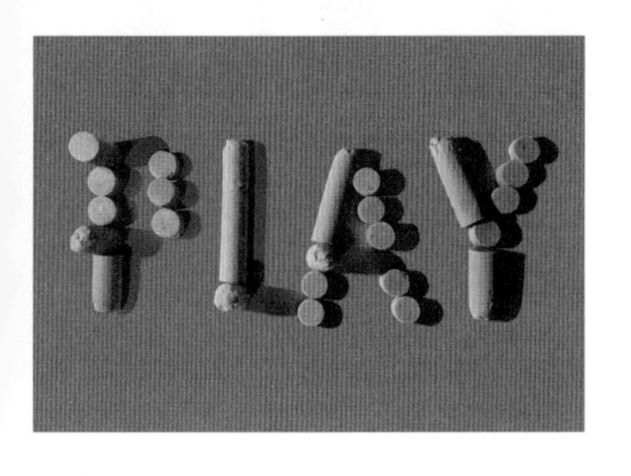
PLAY

PLAY
After the test...

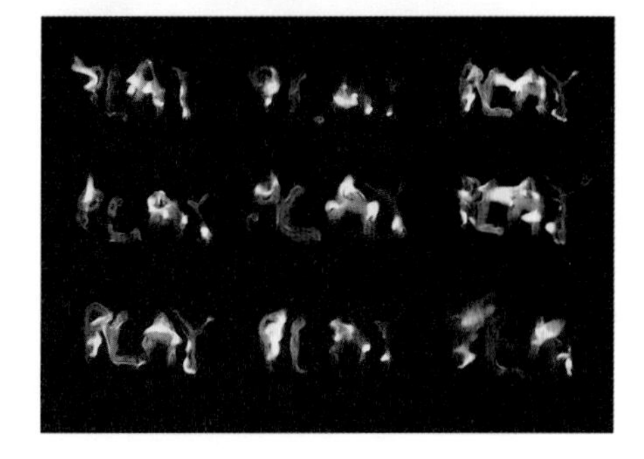

PLAY
PLAY
PLAY
PLAY
级别
下一个
CLIP-ZERO
DEEP
END
>1.6m
CLIP ZERO
PART 3

PLAY
DOUBLE GAINER
CUPZERO
PLAY
e to
PLAY
PLAY

课题训练三：“LOVE” 的形式求解

在这个训练中，学生的任务是以英文单词“LOVE”（大小写皆可）作为表现对象。在设计过程中，需要保留这个单词的基本形态特征，但无须刻意去表现“LOVE”的概念意义。相反，学生被鼓励运用生活中的一切元素进行大胆的设计，挖掘更多语言的可能性。本训练的关键在于尽情发挥创意，探索新的技法和手法。

这个训练的目的是通过转换视角，让学生在日常生活中感受到“LOVE”的鲜活存在，创造出生活中无处不在的“LOVE”。通过将字母形态嵌入日常元素中，学生可以发现身边的一切都是潜在的创作素材。这种创作方式强调的是灵活性和创意的发散，让学生不受限于传统的表达方式，尽情展现他们对“LOVE”这一主题的独特理解。

总体而言，这个训练不仅能促使学生在设计中挖掘语言的多样性，还培养了他们对日常生活中微小事物的敏感性。通过大胆尝试新的设计元素，学生有机会创作出令人耳目一新的作品，展示他们对“LOVE”的个性化诠释。

尺寸：A4
数量：10 张
色彩：不限

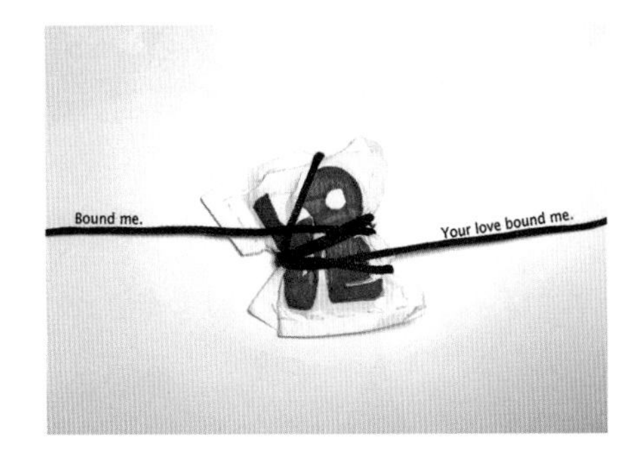
Bound me.
Your love bound me.

VISCOUS LOVE
LOVE

LOVE

LOVE

LOVE

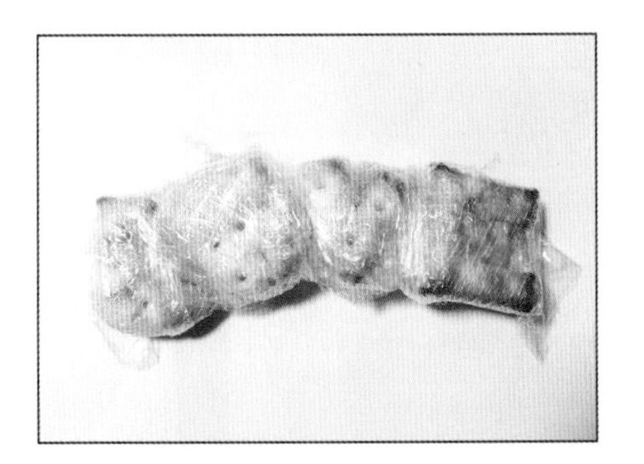

love

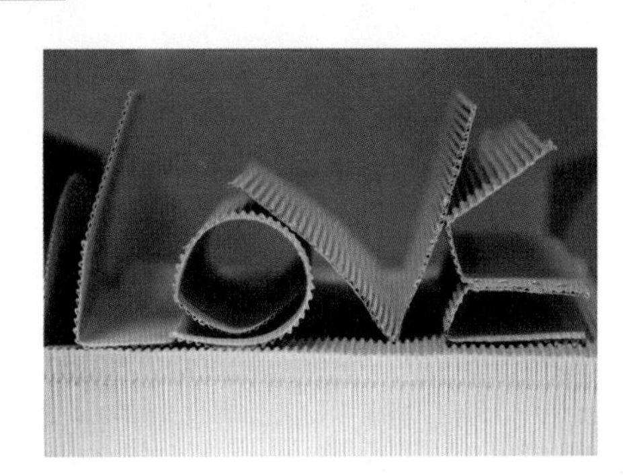

LOVE
火辣の爱

LOVE

love

I USE MY HAND TO EXPRESS LOVE

LOVE
VERSACE
Gabriel García Márquez
霍乱时期的爱情
LOVE
I LOVE
ONIONS
BUT CUT
THEM ME CRY
LOVE
Love is on the line.

课题训练四：“ART”的形式求解

在这个训练中，学生将以单词“ART”（大小写皆可）为表现对象，通过多样的形式转译这个单词。这个训练的核心理念是生活本身就是设计，艺术无处不在，而日常生活中的点滴灵感都可以成为创作的源泉。

鼓励学生以自由和开放的心态，探索各种方式来演绎“ART”。其关键在于挖掘日常生活中那些可能被忽视的美，以及如何将这种美通过创意手法与字母形态相融合。

这个训练的目的是引导学生在日常中发现艺术的美，并通过“ART”这一单词进行个性化的表达。通过多样性的形式转译，学生将有机会展示他们对艺术的独到见解，同时锻炼创意表达的能力。总体而言，这个训练旨在激发学生对艺术的热爱，并将其创造性的能量融入日常创作中。

尺寸：A4
数量：10 张
色彩：不限

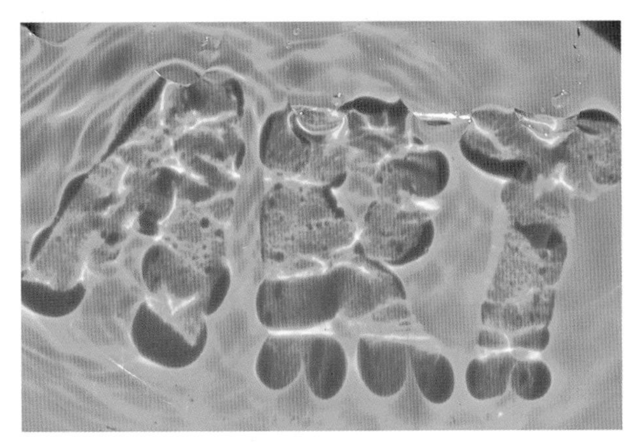

ART

ART

ART

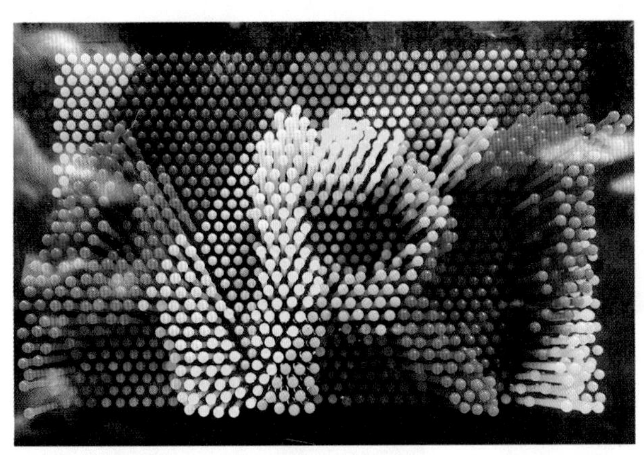

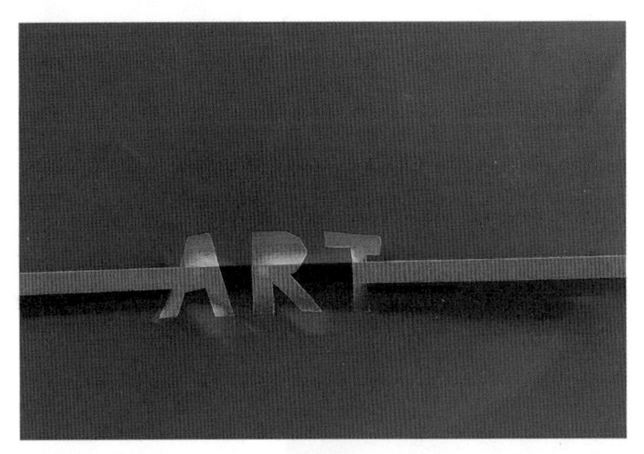
ART

ART

ART
being in life and living in art
ART
A R T

ART

A R T

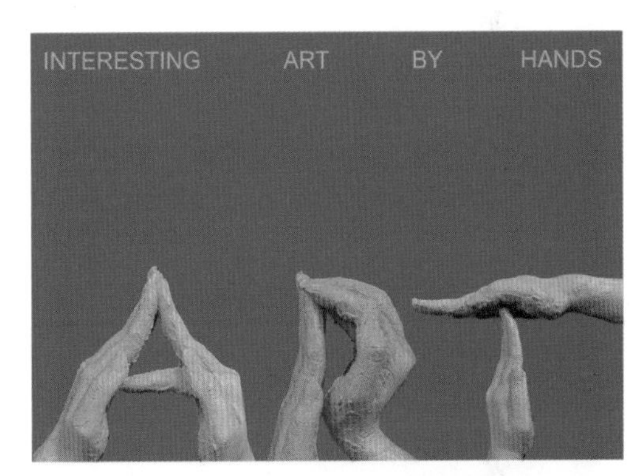
INTERESTING ART BY HANDS

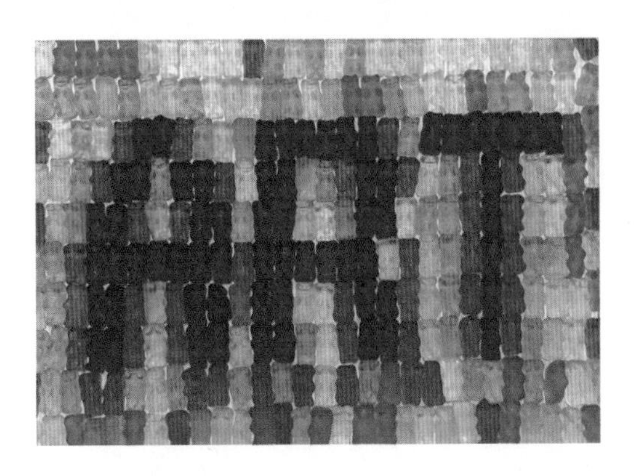
ART

ART
IS
POETRY

ART

ART
ART IS CANDLE

03

图形设计与传达

Graphic Design and Communication

第一节 图形表现手法的运用

1. 解构 —— 似破而立

解构的要点是“破”，所谓不破不立，其目的在于重新组合、表达新意，以新的秩序、新的方法、新的编排使原有形态发生错位、转移、变化，从而形成新的视觉效应。解构也可以理解为分解，它能够将图像从原来的环境中分离，重新拼合，形成一个新的语意。德国设计师冈特·兰堡（Gunter Rambow）为在法国国家图书馆举办的个展创作的海报，采用解构的方法将一本书分离，并赋予其不同的色彩，重塑了新的形态，使原本普通的书籍获得奇异的观感，具有震慑般的视觉张力。该海报深刻地传达出冈特·兰堡的设计态度：如何将生活中平凡的事物转化为非凡的诗意语言。

解构的手法包括，可以通过将事物本末倒置、颠倒秩序，打破客观世界中事物存在的实际规则，表现出反常规的新形象和新意义；或通过裁剪形象，按一定的意义进行新的排列组合，造成特异的视觉效果和非同寻常的心理体验，引发新的思考。解构手法本质上象征着在视觉设计上的一种创新和突破，勇于打破规则。

瑞士著名设计师魏尔纳·杰克（Werner Jeker）为法国导演让·吕克·戈达尔创作的海报，采用了导演本人的肖像照片，延长了他头部上方的黑色空间；同时对图片进行解构，裁剪了眼睛以下的面部，并重复了两次眼睛，表达出让·吕克·戈达尔能比其他人看到更多的东西，有更多的想法。多对眼睛的重复就像电影连续帧的图像，象征电影的符号语言。魏尔纳·杰克对图像与众不同的处理手法也反映出戈达尔作为法国新浪潮的标志性人物在电影语言方面的革新性、实验性和先锋性。

日本设计师齐藤诚创作了一张纪念日本平面设计巨匠亀仓雄策的海报，通过分解和重组人物头像，运用图层的叠加和不

图 3-1

稳定的构图，赋予图形开放性的视觉张力，表现出强烈的个性和丰富的想象力。在这幅以黑白色彩为主的图形作品中，红色的圆点是设计师对龟仓雄策 1964 年创作的奥运会海报的致敬，同时标志着龟仓雄策为日本设计界的符号人物。在海报设计中，齐藤诚瓦解了画面内容的叙事性，运用构成主义的现代语言，突显了龟仓雄策受西方现代设计理念影响的深厚设计底蕴。

图 3-2

图 3-3

图 3-4

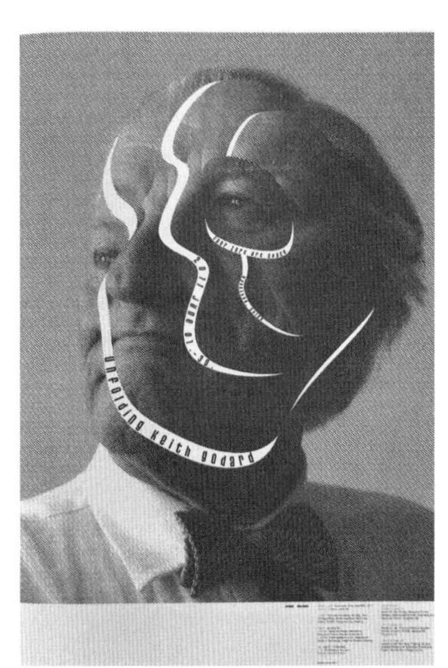

图 3-5

图 3-1：
在法国国家图书馆举办的个展 | 海报 | 冈特·兰堡 | 德国
图 3-2：
法国导演戈达尔 | 海报 | 魏尔纳·杰克 | 瑞士
图 3-3：
唱片公司活动 | 海报 | 全安德 | 美国
图 3-4：
纪念日本平面设计巨匠龟仓雄策 | 海报 | 齐藤诚 | 日本
图 3-5：
凯斯·哥达的设计展 | 海报 | hesign | 德国

2. 透叠 ——多层融合

透叠也涉及透明度的概念，它通过将两种或两种以上的图层相互叠加，创造了新的表现空间。不同图层的重叠使得它们之间的关联更加充分和清晰，通过互相透视，借助颜色和纹理的“透明层次”，形成密实的多层图形。美国设计师全安德（Art Chantry）为滑雪板公司设计的活动海报，采用了粗糙网点错位的图形效果，通过图像之间的透明度叠加，尤其是黑色箭头的导向，刺激的色彩对比，营造出视觉上的“速度”感和刺激感，让人联想到滑雪时雪末飞溅的生动场景。同时，手写字体的放松感为整体营造出富有感染力的视觉氛围。

透叠的手法还包括将一种物象嵌套在另一物象的轮廓内，彼此透叠产生联系，创造出形中有形的视觉魅力。德黑兰设计师马吉德·阿巴斯（Majid Abbasi）在为伊朗小说家的图像展览设计的海报中，将小说家的头像与伊朗的细密画相互透叠，既体现了展览的主题，又展现了东方文化的艺术魅力；图形设计简约雅致，富有格调。

通过线条、形状、色彩、文字和图像的多层透叠，图形能够呈现出丰富的细节和层次感，营造出神秘、模糊、暧昧的视觉意境。瑞士平面设计师雷夫（Ralph Schraivogel）为非洲电影节设计的海报

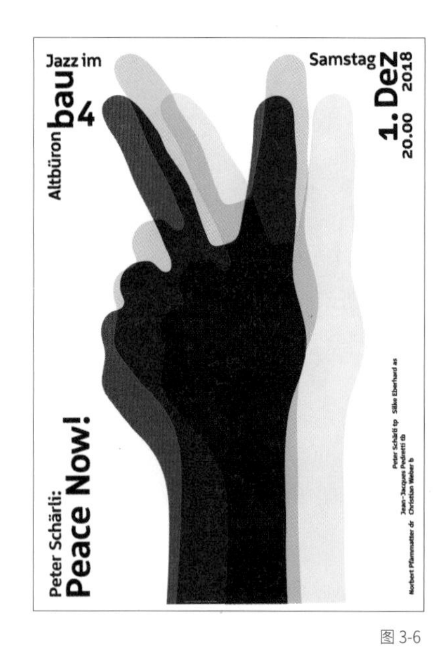

图 3-6

图 3-7

图 3-8

打破了传统电影海报的表现模式。他通过色彩、线条和纹理的多层次叠加，创造了繁杂多变的效果，呈现出一种实验性的、不确定的视觉感。

透明度与图层紧密相关，即多层半透明形态相互叠加，产生了具有层次感的视觉效果，就像黄昏时室内和室外的风景同时映射在透明玻璃上所产生的迷人质感。德国 Cyan 塞恩平面设计团队为德绍前包豪斯学校举行的音乐会创作的系列海报采用了抽象图形的相互叠加，似分离又似关联，制造出了模糊不清的视觉神秘感，产生了迷离的诗意般的摄影感。

图 3-9

图 3-10

图 3-11

图 3-12

图 3-6：
现在就和平 | 海报 | 尼古拉斯·卓斯乐 | 瑞士
图 3-7：
滑雪板公司活动 | 海报 | 全安德 | 美国
图 3-8：
伊朗小说家的摄影展览 | 海报 | 马吉德·阿巴斯 | 德黑兰
图 3-9：
非洲电影节系列之一 | 海报 | 雷夫 | 瑞士
图 3-10：
Face| 海报 | 何见平 | 德国
图 3-11 ~ 图 3-12：
音乐会系列海报 | 海报 | Cyan 塞恩 | 德国

3．拼贴 —— 旧语移植

通俗地理解，拼贴就是将两种或两种以上存在差异的素材进行拼合和粘贴，是一种具有想象力且富有艺术感的表现手法。这种艺术形式最早起源于立体主义和达达主义，随后艺术家和设计师开始采用各种材质来构建作品，使这种形式成为一种风格。拼贴的手法可以通过错位、重叠、合成、冲突等形式来表现，创造出趣味、神秘和装饰性的效果。它能够赋予画面独特的“气质”和艺术的“情调”，反映出“旧语移植逻辑”的观念。

拼贴可以使用各种材料，包括剪贴画、照片、布料、报纸等，选择何种材料会影响设计作品的形式表达和外在感觉。英国著名设计师艾伦·弗莱彻善于使用拼贴手法进行创作。他设计的一本中国十二生肖的日历，利用平时收集的门票、行李贴纸、信件、信封、手提袋、扑克牌、条形码、商标等素材，通过处理印刷品的纹理和颜色关系，精心安排素材的比例关系，拼贴成生动有趣的动物造型。

对于平面设计师而言，通过组合不同的图像或元素的拼贴手法可以传达特定的主题内涵，它可以是抽象的、情绪化的，也可以是具象的、明确的。著名设计师古斯塔夫·克鲁特西斯（Gustav Klutsis）善于运用摄影图像的剪辑和拼合进行创作。他设计的海报《人人都去参加苏维埃选举》，将无数人高举的手拼贴组合在一只手臂中，形成强烈的凝聚效果。其中手象征工人，代表个体走向集体的团结意义。

设计师保罗·兰德在《设计的思考》一书中说：“视觉化思维的伟大贡献之一是拼贴的发明。拼贴蒙太奇允许一些看似无关的物体或思想成为一个整体的图片。它们使设计师能够同时表现发生的事件或场景……将紧凑复杂的信息整合在一张图中更容易使观者乐意把注意力集中在这支广告上。”保罗·兰德设计的白兰地广告，将侍者的头部设计成高脚玻璃杯口的形状，加上寥寥几笔传神的手绘使幽默的人物形象呼之欲出。侍者手中的托盘变成了鸟巢，令人联想到酒的酿造犹如生命的诞生，经过长时间的培养与熟化才酿成美酒。海报的设计不仅将形式与内容完美融合，更表现出了语言上的“独创性”。各种隐喻、相互关联的视觉元素经过趣味性的拼贴，形成了一张气质独特、富有感染力的广告图形作品。

图 3-13~图 3-14：
拼贴字母 | 艺术作品 | 设计者不详
图 3-15：
人人都去参加苏维埃选举 | 海报 | 古斯塔夫·克鲁特西斯 | 俄罗斯
图 3-16：
白兰地广告 | 海报 | 保罗·兰德 | 美国

图 3-13

图 3-14

图 3-15

图 3-16

THANK YOU!
COME AGAIN
NE PAS PLIER

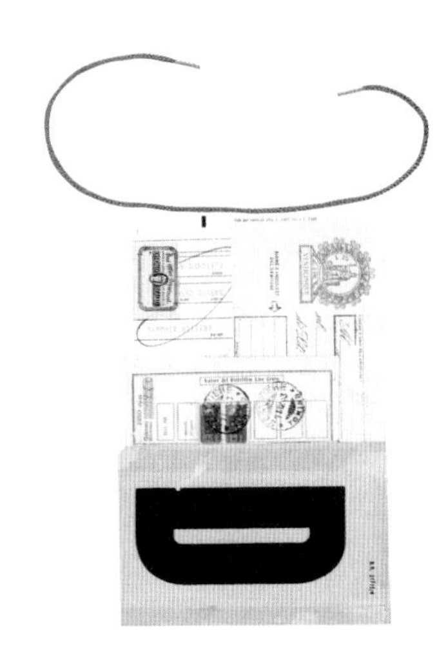

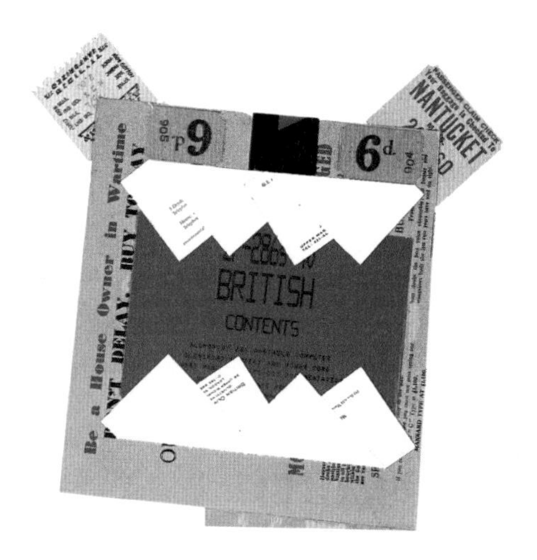
NANTUCKET
BRITISH
CONTENTS

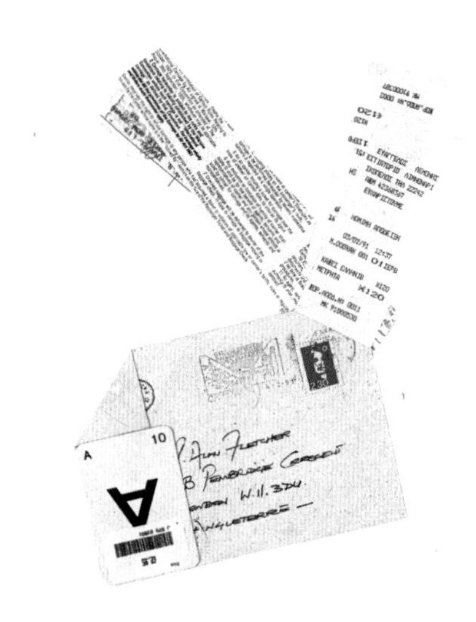

APR 63

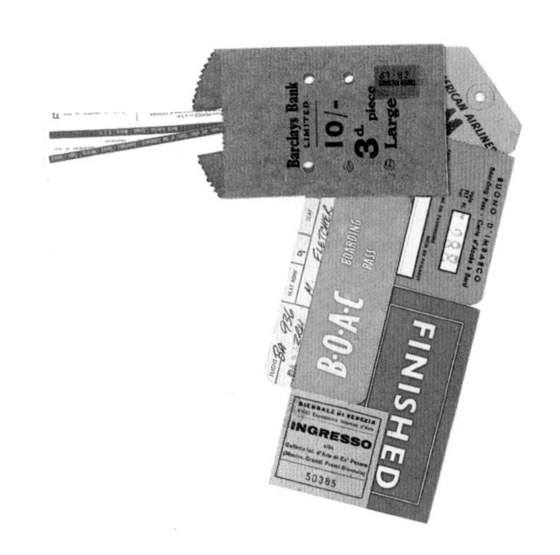
Barclays Bank
B·O·A·C
FINISHED
INGRESSO

图 3-17

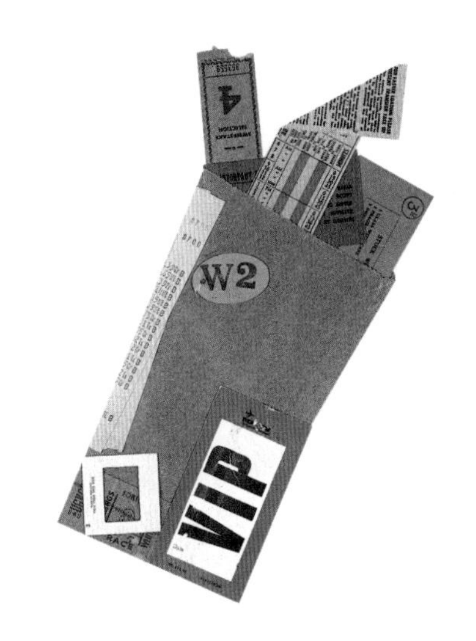

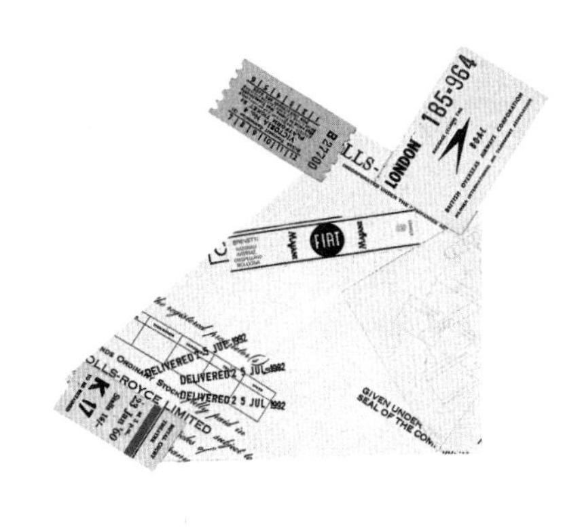

图 3-17（续）

图 3-17：
十二生肖|图形|艾伦·弗莱彻|英国

4. 模块 ——创造无限

在平面设计中，模块是指将设计元素分解为单元，然后以一种有组织的方式将它们组合在一起，这种方法有助于设计出结构清晰、平衡和吸引人的作品。模块可以是各种图标、符号或其他图形元素，这些元素可以被自由组合，以创造出各种视觉效果。通过使用模块图形的方法，设计师可以更容易地创作出有层次结构、有趣味性和吸引力的设计作品，同时保持整体设计的一致性。

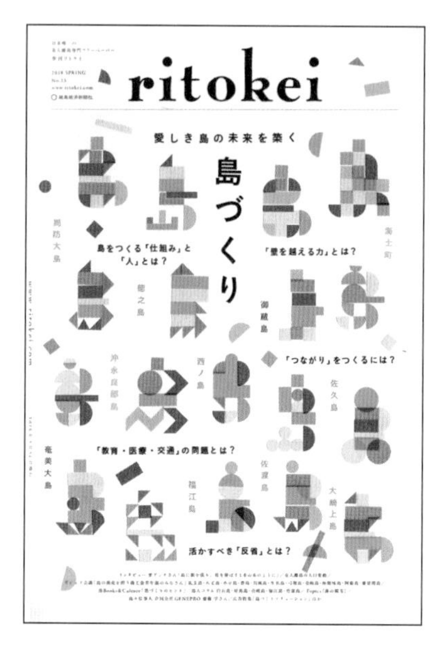

图 3-18

我们小时候经常玩的七巧板游戏就是将正方形分割成五个三角形、一个正方形、一个菱形，这些不同的几何形状可以理解为模块或组件，孩子们可以通过自己的想象将其组合成各种各样的形态。

像素图形是模块图形的一种，它以像素为基本单元进行图形表达。在像素图形中，图像被分解为许多小的独立像素，每个像素代表图像中的最小可见点。尽管像素图形以其简单的形式而闻名，但艺术家和设计师们能够通过巧妙地组织像素来表达复杂的概念、情感和故事。德国像素团队 eboy 工作室被誉为像素艺术的“教父”，他们持续 20 年以上进行像素图形的创作，设计的作品通常由大量的小像素组成，这些像素被巧妙地排列和组合，创造出色彩丰富、复杂精致的图形，是数码科技与“模块网格化”艺术完美结合的典范。

图 3-19

图 3-20

图 3-21

图 3-22

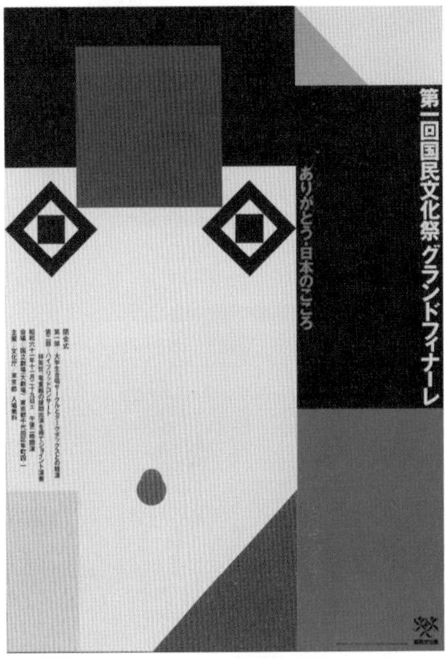

图 3-23

图 3-24

图 3-25

图 3-18：
岛屿的未来 | 海报 | 设计者不详
图 3-19：
玩具和游戏 | 海报 | 设计者不详
图 3-20～图 3-21：
像素艺术作品 | 图形 | eboy 工作室 | 德国
图 3-22：
日本歌舞伎 | 海报 | 田中一光 | 日本
图 3-23：
国民文化祭 | 海报 | 田中一光 | 日本
图 3-24：
像素艺术作品 | 图形 | eboy 工作室 | 德国
图 3-25～图 3-29：
实验创作 | 字体图形 | Autobahn 工作室 | 荷兰

图 3-27

图 3-26

图 3-28

图 3-29

模块图形的设计并不死板，我们也可以灵活运用模块元素创作出多样化的模块图形，以获得出乎意料的视觉效果。荷兰新生代设计团队 Autobahn 工作室经常运用生活中的材料作为模块元素制作图形。他们用围栏的网格元素设计字母图形，用新鲜的青草、番茄、图钉、铅笔皮制作图形，通过巧妙地组合用日常物件设计的模块，创作出了富有创意的视觉表现作品。

5. 形变——视觉异化

在艺术设计中，形变指形态的变化与转换。利用形的相似性，将一种形象渐变为另一种形象，创造出平滑的过渡效果。形变的重点在于突出延续性的变化过程，其意义在于形态之间相互转换所创造出的视觉美。

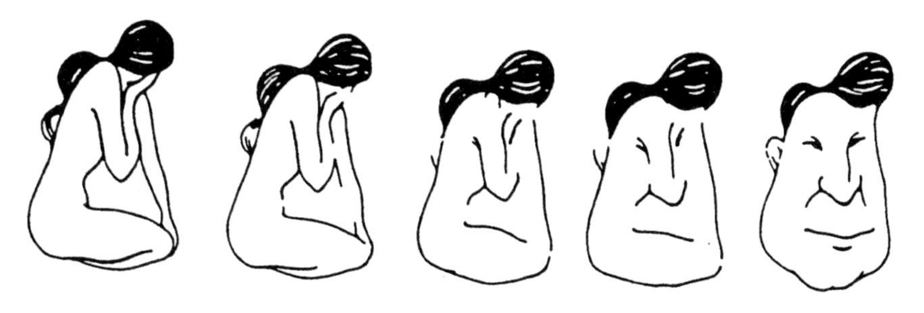

图 3-30

在图形设计中，形变的特点在于将某个形态连续地展开，内容发生变化却始终给人留有统一的印象。形变的核心是通过形的微妙调整在静止的画面之间达到统一的可视性。形变利用错觉支配了观者知觉中的期待，带来令人惊奇的趣味性和意外性。荷兰版画家莫里茨·科内利斯·埃舍尔（Maurits Cornelis Escher）创作的作品《昼与夜》将左方的白天渐变为白鸟向右飞，右方的黑夜渐变为黑鸟向左飞，黑鸟和白鸟向下渐变为矩形农田。它们在相互对立中行进，在流动中相互转换，形成了虚实相生的意境。画面中的形变结构富有哲理，为观者提供了审美空间和想象趣味。波兰设计师雷克斯创作的海报《关注残疾人安全问题》，通过睿智

图 3-31

图 3-30：
形变 | 图形 | 白石和也 | 日本
图 3-31：
昼与夜 | 艺术作品 | 莫里茨·科内利斯·埃舍尔 | 荷兰

的概念偷换，将视力表的字母元素与人物符号元素相互替换，再通过形的微妙渐变传达出人们对弱势群体的忽略这一深刻含义，引发观者深度思考。

形变手法虽然是利用形作渐变，但其重点在于把人的心理预测和意念渗透到印象中。它既要保持形的相似性，又要变化形的意义和内容，通过形的渐变发展给人新的启迪。例如，日本设计师佐藤创作的海报《女子革命》用红色高跟鞋象征女性，高跟鞋的后跟渐变成马蹄，从马蹄的“紧”渐变到“放”，象征女性要“革命”的开明态度。另一张海报《新兵器》将导弹的形逐渐幻变成和平鸽的形，传达出人类对和平的渴望。

在创作形变图形时需要注意，形变是一种规律性很强的现象。出现在画面上的要素既要统一又要有差异。形变越细微，视觉上的流畅感越强；反之，形变太快就可能失去规律性的效果。

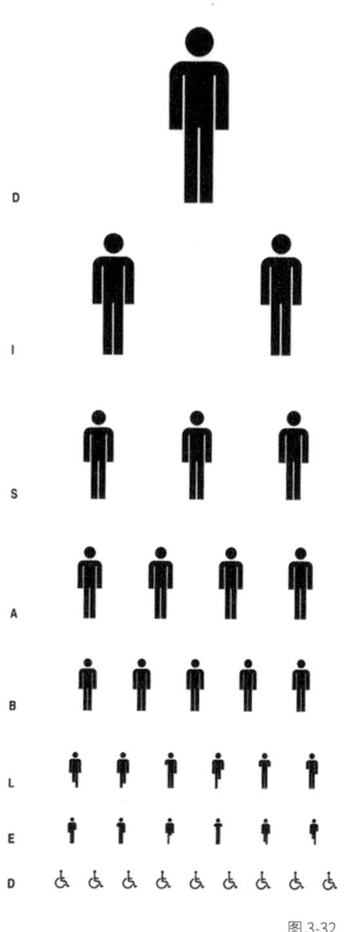

图 3-32

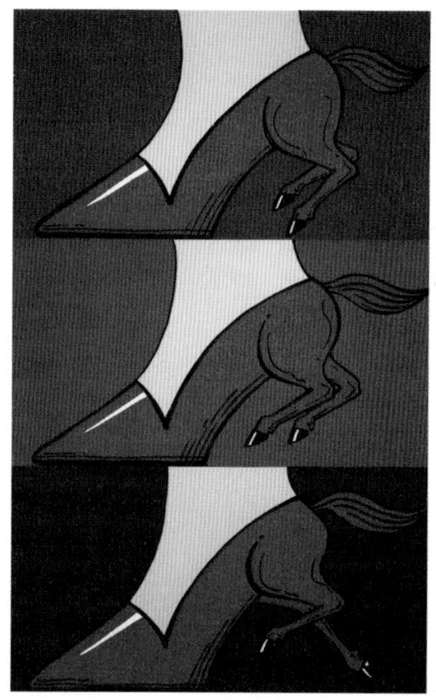

图 3-33

图 3-34

图 3-32：
关注残疾人安全问题 | 海报 | 雷克斯 | 波兰
图 3-33：
女子革命 | 海报 | 佐藤 | 日本
图 3-34：
新兵器 | 海报 | 佐藤 | 日本
图 3-35：
费舍尔出版社 | 海报 | 冈特·兰堡 | 德国
图 3-36~图 3-37：
超级形态 | 艺术作品 | 托马斯·拜乐 | 德国

6．混维—— 戏法空间

在图形设计中，混维指同时运用多个维度的设计方法，以创造出富有层次感和复杂性的效果。在具体设计时，混维可以通过透视、阴影、图层叠加等手法实现。此外，也可以将平面形态和立体形态相互交织、融合，产生出既和谐又变异的视觉效果。

例如，德国设计师冈特·兰堡创作的海报《费舍尔出版社》，通过蒙太奇组合手和书籍，原本应该出现在二维空间的手突破到了三维空间，置于一个无法被定义的空间背景下，变幻出一个“魔法”空间，带给观者超现实的视觉想象。该海报深刻地传达出知识创造的神奇力量。又如，日本设计师松井桂三为自己的个展设计的海报，通过形与形之间的阴影处理，神奇地凸显了物体的空间感，营造出伪三维效果。德国设计师雷克斯设计的海报《开放日》通过墙面线条的错位变化，产生了人物投射在墙面上的阴影效果，仿佛变成了另一个异度空间。

图 3-35

图 3-36

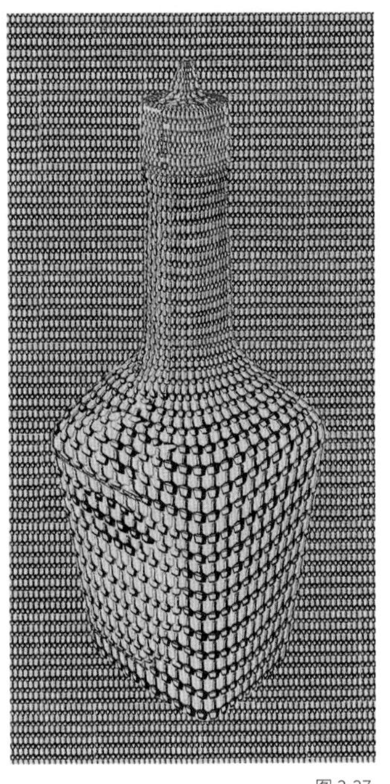
图 3-37

还可以通过对造型单元中形状的变形产生立体形态，制造出平面上的伪立体，从而达到混维效果。德国艺术家托马斯·拜乐创作的“超级形态”常常将一个单一的图像或图形不断复制，形成像素化的整体效果，再通过对形态的扭曲、拉伸和变形，设计出二维平面中的立体形态。他还擅长运用点、线的疏密排列方式，通过移位、凸起或凹陷产生立体的观感。欧普艺术家维克多·瓦沙雷的作品《小丑》从方格的平面图像中凸起、变形出立体的人物形态，正常的空间关系被解体，二维与三维空间相互转换，形成耐人寻味的视觉形态。在进行图形设计时，通过巧妙运用透视、放射和聚集的手法，或者根据形态大小、曲直变化，也能制造出混维的幻觉感。

图 3-38

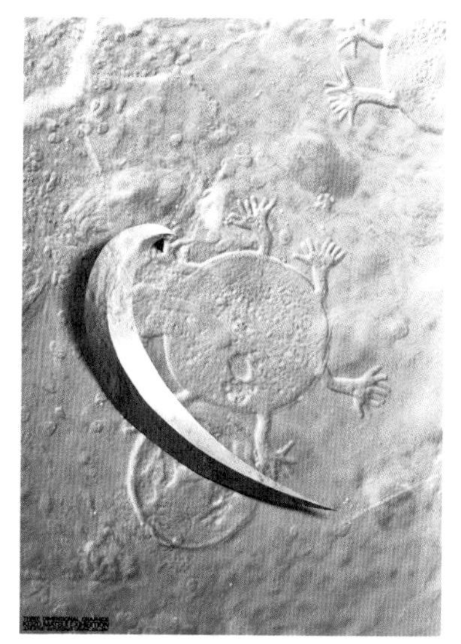

图 3-39

图 3-40

图 3-41

图 3-38～图 3-39：
个展 | 海报 | 松井桂三 | 日本
图 3-40：
开放日 | 海报 | 雷克斯 | 波兰
图 3-41：
小丑 | 艺术作品 | 瓦沙雷 | 法国
图 3-42：
社区服务公益宣传 | 海报 | 菲里·瑞斯拜克 | 美国
图 3-43：
个人演讲 | 海报 | 阿贝迪尼 | 伊朗

7. 剪影—— 简洁意象

剪影是一种以物体的轮廓为主要表现形式的图形，通常呈现为黑色或单色的平面形状，其特点是形状简洁，缺乏具体细节，仅包含物体的轮廓，通过形状的形象展示效果，具有独特的艺术感和美学效果。

在美国设计师菲里·瑞斯拜克（Phil Risbeck）设计的海报《社区服务公益宣传》中，黑色剪影的手以及手指上绽放出的美丽花朵占据了画面的较大比例，深蓝色的背景衬托出五个黄色明艳的花蕊，象征着你的助力能创造更加美丽和谐的社区环境。海报作品单纯简洁、清晰明了。

伊朗设计师阿贝迪尼（Reza Abedini）为伊朗学术中心设计的个人演讲海报以本人的剪影造型作为主体，黑色的头部上的文字注明了讲座的时间、地点和主题，白色衣服上的文字是关于讲座的中心内容，在文字排版上设计师将波斯语和英语巧妙地混合。整幅海报构图简约、色彩克制，仅用剪影的视觉表达方式就提供了一种独特而引人注目的效果。

图 3-42

图 3-43

波兰海报设计师雷克斯善用剪影的表现手法进行设计意念传达。他的作品言简意赅，一针见血，以至简的语言传达深刻的内涵意蕴，令人记忆深刻。他为反对在车臣爆发的战争而设计的《圣诞快乐》海报以逆向的思维输出，将战斗机和蜡烛的形合二为一，其反战的寓意不言而喻。他创作的关于艾滋病主题的《性炸弹》，在鲜红的背景下是一个似乎要冲出画面的导弹，以及触目的艾滋单词，仅是剪影的形态就足以产生震撼人心的力量，令人不寒而栗。在公益海报《离婚》中，男人、女人和孩子以白色的剪影出现在深蓝色的背景上，中间的文字犹如一把利器将孩子一分为二，以“画龙点睛”之笔将男女离婚后最大的牺牲者是孩子的含义揭示出来，传达的语意耐人寻味。

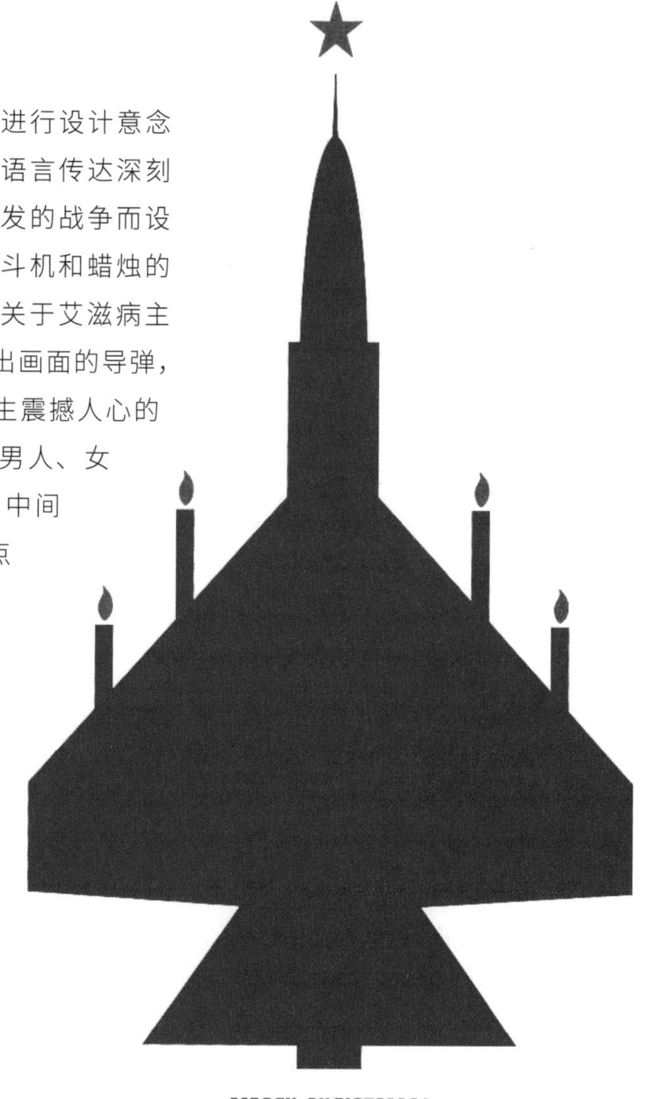

图 3-44

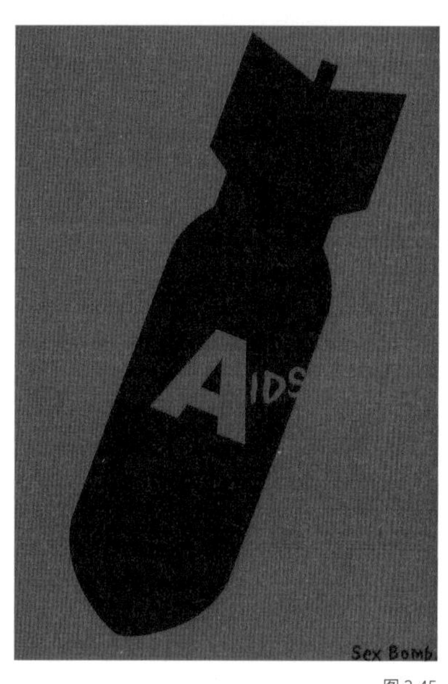

图 3-45

图 3-46

8. 聚集 —— 积沙成塔

在图形设计中，聚集通常指将多个图形元素或对象集中在一起，通过化多为一的整体构形，创造出一种视觉上的集聚效果。这样的设计手法可以吸引观者的注意力、强调特定元素、创造有趣的图形、表达特定的主题内容。

聚集图形可以由多种物形组合，也可以是同一物形的重复组合，目的是以“积沙成塔”的方式形成完整的表意形态。在设计方法上，可以通过调节形态的大小、位置、方向及组合方式，依靠画面的均衡、形的疏密、方向的移动变化等方式，顺势创造出所要表现的物象形态，达到整体和谐的视觉效果。在瑞士设计师尼古拉斯·卓斯乐（Niklaus Troxler）创作的《爵士四重奏》中，在草绿色的背景上，花的大小形态有序地排列组合成乐器。这样的设计既有花朵之美，又传达了音乐的韵律，令人感受到生活的浪漫和美妙，同时也能联想到即将在露天草地上举行的盛大爵士音乐会。

图 3-44：
圣诞快乐 | 海报 | 雷克斯 | 波兰
图 3-45：
性炸弹 | 海报 | 雷克斯 | 波兰
图 3-46：
离婚 | 海报 | 雷克斯 | 波兰
图 3-47：
爵士四重奏 | 海报 | 尼古拉斯·卓斯乐 | 瑞士
图 3-48：
保护生命之水 | 海报 | 佐藤 | 日本
图 3-49：
食在香港 | 海报 | 石汉瑞 | 香港

聚集手法的运用可以增加设计的视觉复杂性和吸引力。它不仅能表现事物的外在风貌，还能通过内在的小物形反映事物隐含的性质特点，赋予图形一种“话中有话”的趣味性。设计师佐藤创作的《保护生命之水》将游动的小鸭子组成一个大的鸭子，鸭子象征一切生命体，而水是生命的孕育者，其独具匠心的智慧语意令人赞叹。在设计师石汉瑞设计的海报《食在香港》中，石汉瑞妥善地控制了画面整体布局和视觉平衡，通过各种新鲜的蔬菜、瓜果和海鲜编排出一个笑盈盈的少女脸。这张海报“鲜色欲滴”地展示了美味，而其中隐含的意境则令人会心一笑。

图 3-47

图 3-48

图 3-49

9．动态 ——强化张力

在图形设计中，动态是指通过运动、变化和流动性来创造出一种充满活力和动感的设计效果。这种手法可以用于吸引观者的注意力、传达特定情感或主题，创作出令人印象深刻的图形。动态手法常常通过破坏秩序井然的形态结构产生视觉变化，或将规则的形打乱，在保证乱中有序的情况下，用变动制造出造型上的动态感。

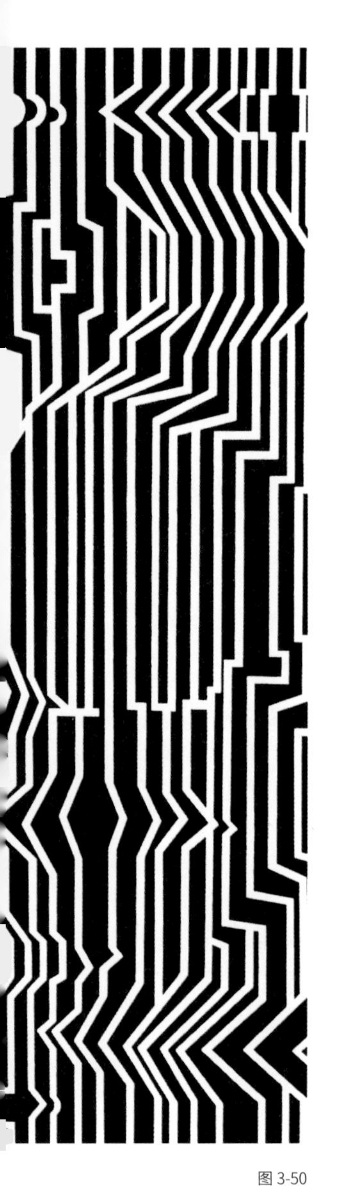

图 3-50

图 3-51

制造动态效果可以将视觉形状向某些方向集聚或倾斜，从而产生“具有倾向性的张力”。瑞士著名设计师马克斯·赫伯（Max Huber）常常将摄影图像、印刷元素与彩色条纹混合在一起，以流线型设计传达运动感和速度感。他为蒙扎国际赛车场创作的海报充分利用了印刷油墨的透明质地，以极致夸张的动态透视创作出画面的深度和运动的错觉，营造了“速度的需求”。另一位瑞士设计师约瑟夫·米勒·布罗克曼（Josef Muller-Brockmann）设计的海报 *Watch that Child* 采用了将摩托车轮放大的特写视角，以微妙的动态方式向一个正在玩耍的孩子倾斜，通过图像之间的悬殊比例制造出强大的张力，因倾斜的运动感而产生紧张感，似乎危险“一触即发”，展现出引人入胜的构图效果。

图 3-52

图 3-53

图 3-50：
漫游 | 艺术作品 | 瓦沙雷 | 法国
图 3-51：
斑马 | 艺术作品 | 瓦沙雷 | 法国
图 3-52：
蒙扎国际赛车场 | 海报 | 马克斯·赫伯 | 瑞士
图 3-53：
Watch that Child | 海报 | 约瑟夫·米勒·布罗克曼 | 瑞士
图 3-54：
莫斯科大剧院的交响乐 | 海报 | 斯坦伯格夫妇 | 俄罗斯

图 3-54

欧普艺术家瓦沙雷通过重复的元素和模式，创造出有规律的运动感和节奏感的形式语言。他在作品《漫游》中，通过对重复排列的线条进行角度的变化，成功引发强烈的运动感。在另一幅作品《斑马》中，他通过精心控制斑马纹理的线条粗细变化，创造出令人惊奇的视觉动感。

俄罗斯海报艺术家斯坦伯格夫妇设计的电影海报《莫斯科大剧院的交响乐》，采用螺旋上升的曲线扶梯、红色线条的扶手、行走的人物、倾斜的字体和黑色沉闷的背景，充满着摇摆不安的气氛。设计师以动态的处理手法，创作出戏剧性的故事画面。

10．隐形——想象妙境

隐形在图形设计中通常指通过巧妙运用空白、负空间、透明度、颜色或形状等元素，创造出隐含或隐藏的图形、信息或意义。这种设计手法可以增加设计的层次感，引发观者的好奇心，并创造出独特的图形效果。

瑞士设计师尼古拉斯·卓斯乐设计的海报《爵士四重奏和爵士三重奏》仅仅呈现了躯体部分，就能表现出乐手表演的整个动态情景，我们在视觉上仍能清晰感受到形体的完整。该设计手法正是利用了负空间，即物体之间或周围的空白区域，创造出隐含的形状或图形。观者的眼光会被空白区域吸引，从而发现隐藏在其中的图形。

芬兰设计师卡里·碧波设计的《反酗酒海报竞赛之海报邀请》，在画面上通过一个瓶盖和一张有弧度的印有文字信息的白纸，就使酒瓶的形态跃然纸上。图形之妙正是运用了隐形的手法，把反酗酒和海报邀请的关键要素进行精简、提炼，然后突出重点信息，简化具体形态，将信息萃取后保留至最简，从而展示引人入胜、富有创意的设计。

在图形设计中，通过省略某些部分的形，将另外一些关键的部分突显出来，进一步使这些突出部分蕴含着一种向某种完形“运动”的张力，从而大大提高了作品的审美效果。这种感受有点像猜谜，人的注意力高度集中，全身心投入破译谜题，而谜底一旦揭晓，解决问题后的轻松便能使人获得愉悦的审美体验。

日本设计师佐藤晃一为名古屋国际设计中心（IDCN）创作的海报中大面积的黑色底面闪烁着五个亮点——手印，手印从清晰到慢慢隐没，将人引入遐思的想象空间。黑色中炫亮的白点就像黑夜中的明灯，似乎暗示着设计是“光”的本质含义。这种“犹抱琵琶半遮面”的情形，恰恰创造出一种空灵、玄妙、神秘的意象，具有超凡脱俗的氛围。

图3-55:
爵士四重奏和爵士三重奏 | 海报 | 尼古拉斯·卓斯乐 | 瑞士
图3-56:
反酗酒海报竞赛之邀请 | 海报 | 卡里·碧波 | 芬兰
图3-57:
思 | 海报 | 洪弢 | 中国
图3-58:
名古屋国际设计中心 | 海报 | 佐藤晃一 | 日本

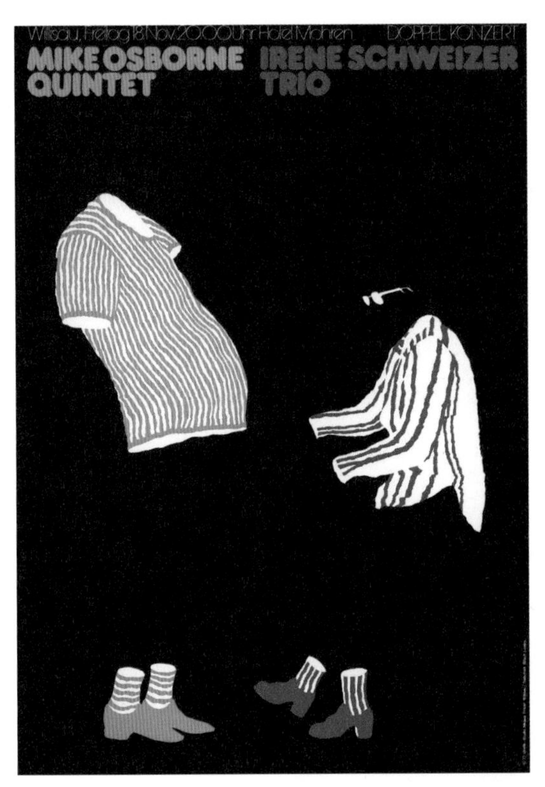

图 3-55

图 3-56

图 3-57

图 3-58

11. 挪用 —— 巧智移置

挪用是指在创作中使用或引用他人的元素、图像、符号或概念。在图形设计中，挪用手法可以用于开拓新的意义，表达对先前作品的致敬，或者传达特定的情感。需要注意的是，挪用和抄袭是完全不同的概念，抄袭是将别人的作品占为己有。而挪用是根据设计师自身需要，为了表达自己的意念，创作出与之前作品意义上有较大差异甚至内涵上完全不同的具有全新意义的作品，实现重新构建与转换的设计目的。挪用的前提是大家都知道作品的出处，理解其挪用的实质。

图 3-59

图 3-60

图 3-61

图 3-62

图 3-59：
致命广告 | 海报 | 奎内克 | 法国
图 3-60：
剧院形象推广 | 海报 | 奎内克 | 法国
图 3-61：
婴儿的突然死亡 | 海报 | 奎内克 | 法国
图 3-62：
剧院形象推广 | 海报 | 奎内克 | 法国

图 3-63

在图形设计中，挪用手法是以强烈创新意识为前提的再创作，它是一种表现手段。其表现形式是经常挪用经典的艺术作品进行创意表达，可以是将艺术作品的元素或整体作品引用到自己的创作中；可以是对某个特定的艺术风格、主题、符号或图像的引用；也可以是对某个具体作品的再创作或二次构思。

设计师通过提炼画作中的典型符号，采用仿制、重塑、放大、解构或置换等手法，赋予图形全新的概念。设计师奎内克创作的《婴儿的突然死亡》海报，围绕一个刚出生的婴儿在医院神秘消失的事件展开。奎内克借用了文艺复兴时期的圣母与圣婴的画作，将圣婴形象剪空，象征着婴儿突然消失，传达出一则令人不安的消息。通过挪用手法，奎内克创造了一种隐喻。

图 3-63：
呐喊 | 艺术作品 | 爱德华·蒙克 | 挪威
图 3-64：
停止核试验 | 海报 | 下岗茂 | 日本
图 3-65：
停止水污染 | 海报 | 下岗茂 | 日本
图 3-66：
环境保护 | 海报 | 下岗茂 | 日本

挪威表现主义画家爱德华·蒙克的代表作《呐喊》是设计师们经常挪用的视觉元素。日本设计师下岗茂创作的海报《停止核试验》《停止水污染》《环境保护》中都挪用了《呐喊》中深入人心的人物形象。这些形象扭曲痛苦地呐喊，深刻传达了“Help”的象征意义。另一位日本设计师田中一光在海报 *JAPAN* 中直接挪用了日本琳派艺术家俵屋宗达的《平家纳经》扉页插图。田中一光保留了绘画原作中鹿的优美曲线，对形体进行了极度单纯化的概括，将代表日本传统艺术的“经典”进行了非常现代的设计处理。此外，

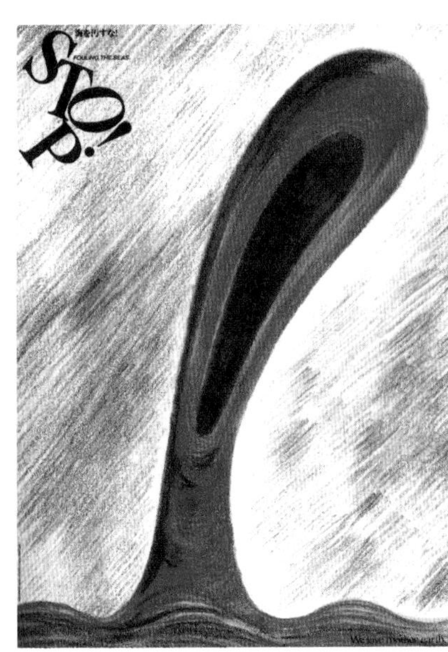

图 3-64

图 3-65

图 3-66

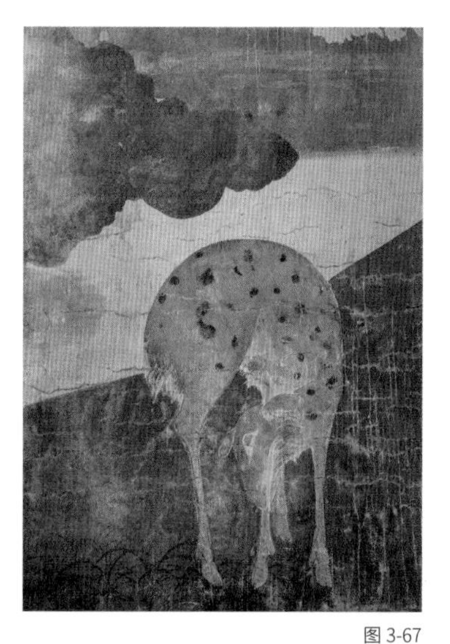

图 3-67

图 3-69

图 3-71

图 3-68

图 3-70

图 3-72

日本浮世绘大师葛饰北斋的《神奈川冲浪里》更是被挪用不计其数，呈现出各种美的、搞怪的、荒诞的、趣味的、警醒的图形。奥村靫正设计的关于日本小原流传统插花学校的海报《春》，通过梦幻的美丽图像和丰富的想象，突显了花艺的源流之美。其象征意义与《神奈川冲浪里》作为版画艺术的创新之举不谋而合。

图 3-67：
《平家纳经》的扉页插图 | 书籍 | 俵屋宗达 | 日本
图 3-68：
JAPAN | 海报 | 田中一光 | 日本
图 3-69：
神奈川冲浪里 | 版画艺术 | 葛饰北斋 | 日本
图 3-70：
春 | 海报 | 奥村靫正 | 日本
图 3-71：
五头十体图 | 版画艺术 | 民间绘制 | 日本
图 3-72：
趣味创作 | 图形 | 西摩·切瓦斯特 | 美国

图 3-73：
好心情 | 海报 | 佐藤晃一 | 日本
图 3-74：
豪姬 | 海报 | 佐藤晃一 | 日本
图 3-75：
巴琉古 | 海报 | 栗津洁 | 日本
图 3-76：
卑弥呼 | 海报 | 栗津洁 | 日本

12．色彩 —— 视觉调色板

色彩是图形设计中的美学元素之一。通过艺术性的色彩搭配，设计可以变得更加吸引人，充满创意和独特性。作为一种激发情感的媒介物，色彩引起的审美愉悦直接影响我们的感情，是视觉表现的重要语言。例如，运用色彩渐变的形式可以表现出“模糊、发光、暧昧、渗透”等色调，创造出变化、深度或立体的视觉效果。同时，通过颜色与形状关系的互融，设计能够诉诸人的情感，从感觉升华到感受，成为主观情感的表达方式。

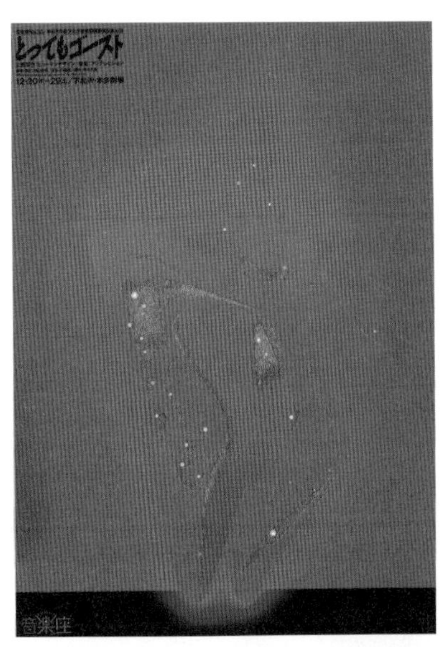

图 3-73

图 3-74

图 3-75

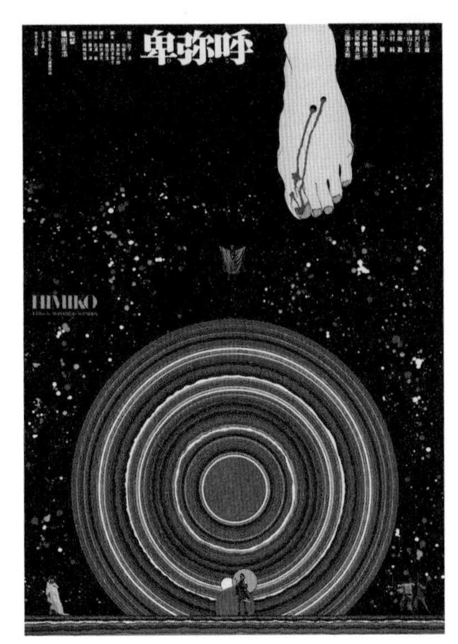

图 3-76

许多设计师以色彩为技法，围绕形态、色彩与光的原理和结构对视觉效果进行探索。日本设计师胜井三雄（Mitsuo Katsui）在他的平面设计中注重色彩对信息传递的作用。他常常运用色彩的象征性，通过颜色来传达特定的情感、概念或文化内涵。通过对不同颜色之间微妙色调的处理或对晕色渐变的熟练运用，他构建出既瑰丽又虚幻的色彩世界。胜井三雄善于运用对比色、互补色等搭配方式，或通过前景与背景的色彩对比，色块或渐变，来突显设计中的主体元素，增强设计的层次感和立体感。他在设计中对色彩的运用既注重形式美感，又关注信息的传递和符号表达。他的设计作品在色彩运用方面独具特色和深度。

日本著名设计师佐藤晃一（Koichi Sato）也是一位“色彩魔法师”。他善于把控色彩之间的微妙晕化、融合和分离，通过过渡

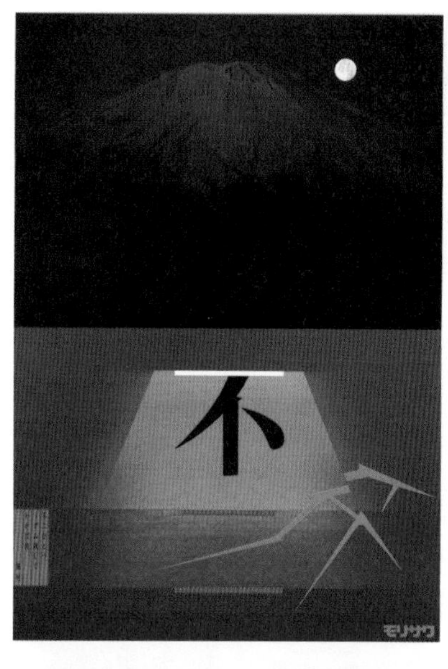

f

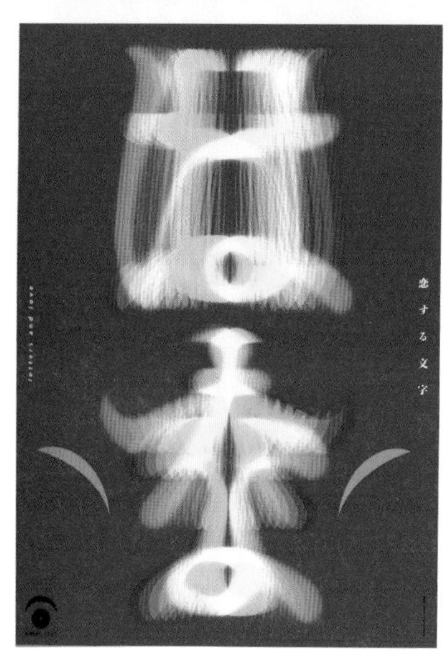

图 3-77

达到统一，在渐变中调和出既内敛又具张力的色彩效果。佐藤晃一的用色极为克制，色彩的精妙仿佛被提炼出来，用极少的颜色即可变幻出韵味无穷的视觉意象，渗透出一种深邃而难以捉摸的艺术氛围。他抽象的色彩语言激发了观者的想象和探索欲望。另一位日本图形设计师兼艺术家栗津洁在色彩方面同样具有独特而引人注目的特色。他善于运用对比鲜明的色彩，通过冷暖色的巧妙搭配或对比色的运用，使作品更富有层次感和动感。栗津洁常将色彩与图形相互交织，共同构建出抽象而富有表现力的画面，创造出独特的情感氛围。在他的艺术作品中，色彩展现了极大的创意和独特性，通过鲜明的色彩对比和象征性的应用，他为观者带来强烈的视觉冲击和情感共鸣。

图 3-77：
幻觉的视觉诗 | 海报 | 胜井三雄 | 日本

图 3-78：
虚伪的信徒 | 海报 | 全安德 | 美国
图 3-79：
新年快乐 | 海报 | 罗克威 | 俄罗斯
图 3-80：
书籍封面 | 图形 | 石汉瑞 | 香港
图 3-81：
YKK 建筑制造公司形象推广 | 海报 | 松永真 | 日本

第二节 图形形式美学规律的追求

1．特异 —— 视觉焦点

特异在视觉设计中被视为一种引人注目的技巧，通过在规律中引入不和谐的变化，吸引观者的注意力。这种设计元素可以通过多种方式实现，包括形状、颜色、大小、纹理等方面的变化，以产生强烈的对比效果。特异形式常常在视觉元素反复出现的背景中产生醒目的效果，使观者对画面中的特定部分产生兴趣。在视觉设计中，特异形式可以被看作一种创意的亮点，因为它打破了一致性，引起观者的好奇心。这种不和谐的变化有时可以类比为一群正向行走的人中突然出现逆向行走的个体，或者在音乐中插入一些不和谐的音符。这种对比的突变使得特异形式在设计中具有独特的视觉吸引力，使整体作品更为生动和引人入胜。

特异形式的对比程度可以因设计师的意图而异。有些特异可能非常微妙，需要观者仔细观察体会才能发现其中的差异，而有些则可能非常明显，以强烈的对比使特异形式在整体设计中脱颖而出。这种对比的存在赋予设计作品以独特性，使其在视觉层面上更为引人注目。总的来说，特异形式通过引入不和谐的变化，创造出视觉上的独特效果，成为视觉设计中的一种重要元素。设计师可以灵活运用特异形式，使其成为视觉作品中的亮点，吸引观者的目光，同时为整体设计增添创意和趣味。

图 3-78

图 3-79

图 3-80

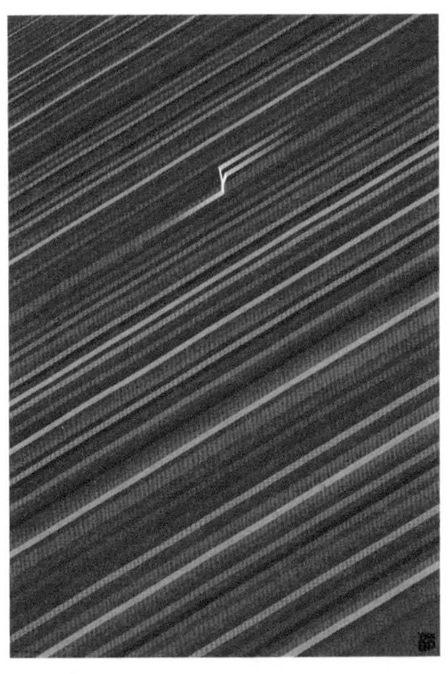

图 3-81

2．对比 —— 强烈差异

对比是一项在平面设计中广泛应用的构图原则，通过在设计元素之间创造差异，强化它们之间的关系，引起观者的兴趣，提高设计的可读性和视觉吸引力。在设计过程中，对比形式常常通过运用不同的要素，如色彩、大小、形状、肌理、方向等，使它们在作品中形成明显的差异。这种对比通过将差异显著的元素相邻并列，创造出一种矛盾而统一的调和，使设计更富有生命力。

图 3-82

在色彩对比方面，设计师可以运用不同颜色之间的鲜明差异来吸引视线。例如，鲜艳的对比色彩组合能够营造出强烈的视觉效果，使特定元素在整体中脱颖而出。一个生动的例子是中国京剧中的脸谱色彩运用。通过运用不同颜色的油彩组合，京剧脸谱呈现出丰富的色彩对比，突显不同人物角色的性格特征。这种对比使观者能够通过视觉元素直观地理解每个角色，为表演带来深层次的视觉表达。

图 3-83

而在大小对比方面，通过巧妙地安排元素的尺寸，可以在平面中创造出层次感，引导观者的视线流动，增加设计的动态感。形状对比则着眼于元素之间的外形差异，可能是在相似的形状中加入一种独特的设计元素，以制造视觉上的冲突和张力。肌理对比则通过表面质感的不同，使元素在视觉上产生反差，增强观者对设计的感知。方向对比则可以通过元素的方向性，如斜线和水平线的对比，来创造出动态或静态的效果。

图 3-84

图 3-85

图 3-82：
不要酒后驾车 | 海报 | 卡里·碧波 | 芬兰
图 3-83：
舞蹈团成立 25 周年 | 海报 | 丹尼尔·威斯曼 | 德国
图 3-84：
反对核试验 | 海报 | 下岗茂 | 日本
图 3-85：
纪念劳特雷克逝世 100 周年 | 海报 | 惕思 | 瑞士
图 3-86：
芭蕾舞剧 | 海报 | 皮儿·门德尔 | 德国
图 3-87：
特选的收藏品 | 海报 | 魏尔纳·杰克 | 瑞士
图 3-88：
纪念广岛 | 海报 | 下岗茂 | 日本
图 3-89：
Do no harm | 海报 | 吴伟 | 中国

图 3-86

3. 比例 —— 协调美感

18 世纪英国画家威廉·荷加斯的《美的分析》强调了比例在自然事物之美中的重要性，并指出美的创造涉及适应、多样、单纯和统一等规则。这一理念在设计中被广泛应用，成为构图原则中的关键要素。比例在设计中的运用不仅可以创造平衡与和谐，还能够突出不同元素，赋予设计层次感。通过巧妙地调整元素的大小关系，设计师能够引导观者的目光，使其更容易理解和欣赏设计的整体结构。

图 3-89

在图形设计中，比例的运用对于体现引人注目的视觉美感至关重要。合理的比例关系有助于形成整体的均衡感，使观者在欣赏作品时经历一种统一而和谐的视觉体验。通过放大或缩小特定元素，设计师可以将观者的焦点引向作品关键部分，从而强调设计中的重要元素。这种技巧在导视、广告和品牌设计中尤为常见，可帮助观者更有针对性地接收信息。

图 3-87

除了创造和谐的比例关系，设计师还可以运用比例的改变来产生视觉趣味。夸张、神秘、失调或怪诞的效果可以通过调整元素的相对大小来实现。这种独特的设计手法能够吸引观者的目光，引发兴趣，并使设计更富有创意和独特性。例如，日本新锐设计师小林一毅通过大胆的抽象化和夸张的比例，创作出独特而有吸引力的图形语言，展示了对比强烈的视觉创新。

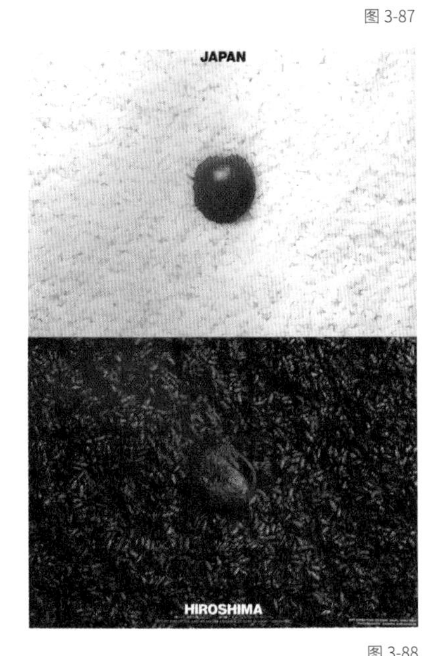

图 3-88

总体而言，比例作为一个构图原则，不仅有助于设计出和谐的作品，还为设计师提供了表达创意和实现独特效果的手段。通过深入理解和巧妙运用比例，设计师能够打破常规，创作出引人入胜的视觉作品，为观者呈现出丰富多彩的视觉体验。

4. 重复 —— 氛围营造

在视觉设计中，重复是一种强有力的手法，通过反复出现的相似元素，可以达到统一、有序且富有韵律感的效果。这种手法在图形设计中发挥着重要作用，能够营造出强烈的气氛和感觉。重复的运用有助于建立视觉秩序，强化图形表现的视觉效果，增强设计的节奏感以及表达的情绪性。

图 3-90

在图形设计中，如果希望突出某个意义或强调特定感情或含义，重复是一种有效的手段。通过一再重复相似的元素，设计师可以强化视觉效果，使重要信息更为突出。这种重复的手法有助于观者更好地理解和记忆设计中传达的信息，同时也是一种有力的视觉表达方式。

图 3-91

重复的图形表现通常分为两种形式。一种是形状的不断重复，元素相等分布而没有出现明显的汇总点，实现视觉的平均感，从而形成独特的美感。另一种是对设计元素进行放大、缩小，保持形态的一致性，但在大小和尺寸上略加变化，形成整齐而有变化的设计序列。这种设计手法通过巧妙地运用重复，实现了元素的统一性，同时为观者提供了一种有序的感觉，使整体设计更为协调和易于理解。

重复的手法对于创作出清晰、简洁且易于理解的设计作品非常有效。通过重复相似元素，设计师可以建立起视觉上的规律，使整体设计更具有条理性，同时也为观者提供了一种有趣和愉悦的视觉体验。这种有序而富有韵律感的效果不仅提高了设计的视觉吸引力，还使观者更容易沉浸其中，领会设计所要传达的信息和情感。

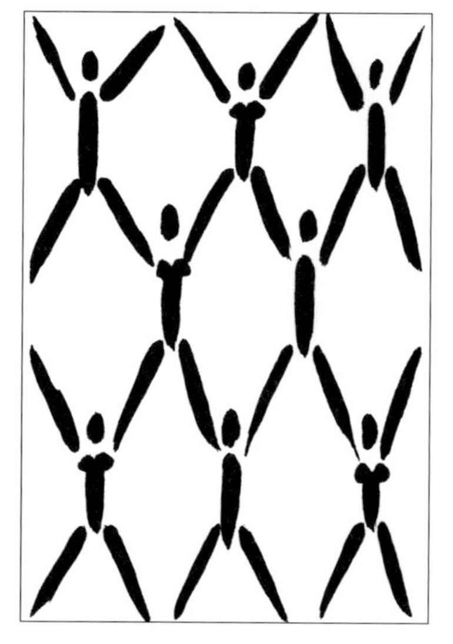

图 3-92

图 3-93

5. 节奏 —— 空间秩序

在图形设计中，节奏是指通过有规律的重复、变化或间隔，建立起一种视觉图形的律动感。这一设计手法的运用可以有效地引导观者的目光，强调特定的元素，营造出有序而有趣的设计效果。通过巧妙运用节奏，设计师可以在设计中改变重复元素的尺寸和比例，形成有规律的律动感；利用颜色的变化、排列的变化，创造出有序的视觉律动；通过图案和纹理的重复或变化，形成整体的律动感。

在图形设计中，节奏也可理解为视觉元素的“空间秩序”。不同视觉元素的强弱对比及它们在空间布局中的疏密、聚散的变化，形成了视觉形象的节奏特征。审美效应主要通过形态有规律的变化和局部反差的丰富来调节人的视觉秩序，创造出协调且容易为视知觉把握的艺术效果。设计师可以通过改变元素的重复方式和节奏来表现各种不同的效果。例如，通过快速而规律的节奏，设计师可以传达出一种生命力和动感，使设计作品更加有活力。相反，通过缓慢而有规律的节奏，设计作品可以呈现出一种冷静和平稳的感觉。通过调整元素的节奏，设计师可以为观者呈现出多样化的视觉体验，使整体设计更加有深度和层次感。巧妙运用节奏有助于打破单调，使设计更加有趣和引人注目。通过创造出一种律动感，设计师可以吸引观者的注意力，使其更加沉浸在设计作品中。这种形式的运用在各种设计项目中都起到了关键的作用，为设计注入了生动和引人入胜的特质。

图 3-90:
实际知识、供给和友谊 | 海报 | 罗利 | 芬兰
图 3-91:
一只没有尾巴的猫 | 海报 | 罗利 | 芬兰
图 3-92:
2000 年的信号 | 海报 | 卡里·碧波 | 芬兰
图 3-93:
poliuto | 海报 | 设计者不详
图 3-94:
summa 音乐会 | 海报 | 罗利 | 芬兰
图 3-95~图 3-96:
音乐会 | 海报 | 惕思 | 瑞士

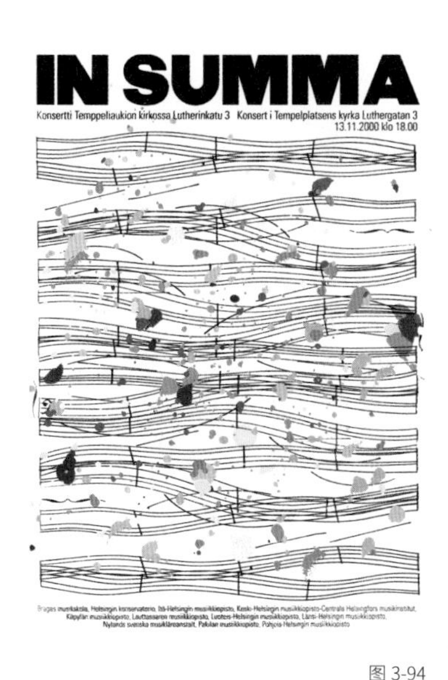

图 3-94

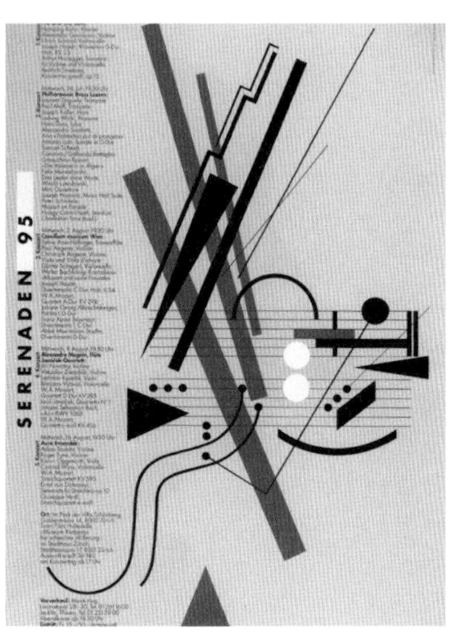

图 3-95

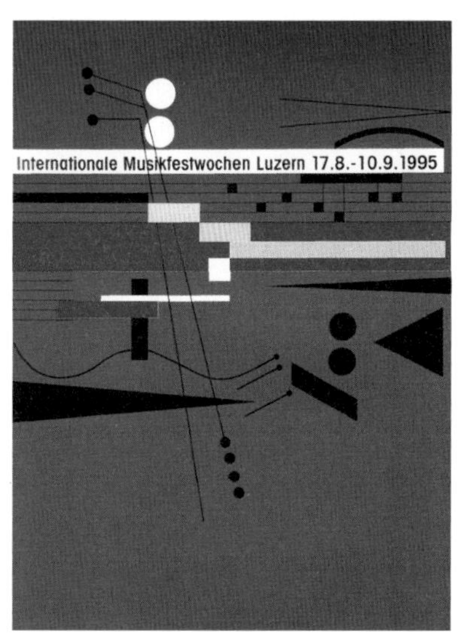

图 3-96

课题训练　形的变调

根据格式塔的变调性理论，一个格式塔（形），尽管各部分的性质发生了改变，但这一形仍然存在，换言之，仍然能够被识别为该格式塔。这种表现手法在艺术设计中得到了广泛应用，从而使形的潜力得到最大限度的发挥。本课题训练旨在通过对某一图像进行形式的转换，无论如何变化，都能够被识别出原来的或基本的形，通过发散性思维，运用各种表现手法，展开对表达物的特殊变换方式。需要保证的是每一种变化的形都是最初的或最基本形的变形，或者说，都保留着一种始终不变的基本形，它们需要保持紧密的联系。换言之，“它们都是从同一母体中产生的，都属于同一血缘”。

课题训练通过理论与实践相结合，来培养学生的形态造型能力，旨在使其熟练掌握图形表现技巧，巧妙运用图形语言手法，并深刻理解图形语法关系。在达到这一训练目标的过程中，要鼓励学生在图形表现中展现多样性，激发自身灵活性、冒险性和实验性，同时考验学生的毅力、想象力和思考的敏锐性，以达到追求视觉沟通多样化的要求。

这个阶段的训练类似于一个问题有多种解决方案，对于初学者而言颇具挑战性。训练的难点不仅在于创意想法的多样性和技巧的多变性，还需要学生掌握美感、具备色彩和图形处理等方面的专业技能。在训练过程中，学生往往会陷入“眼高手低”的困境，即心中的创意和想法与实际的图形表现之间存在差距。只有通过一段时间的不断练习，学生才能逐渐从“无所适从”到“逐渐上手”。越过最困难的关卡后，他们会发现“柳暗花明又一村”，惊喜与成就感也会随之而来。

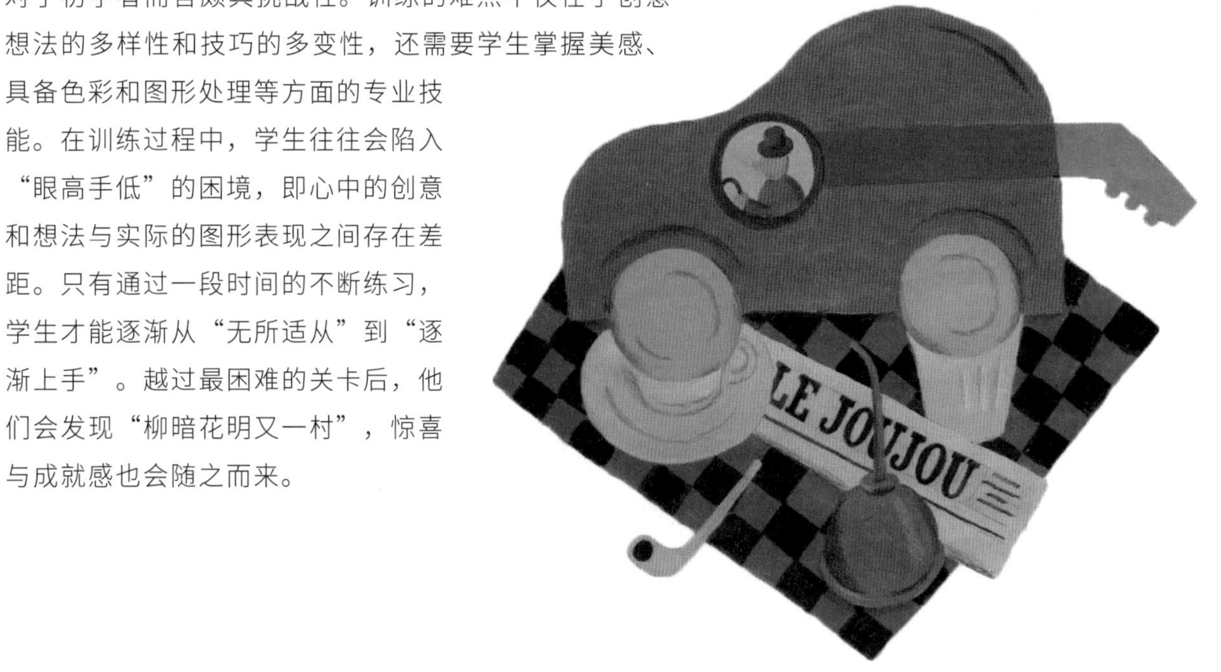

nanziell Stärkeren steht. Da kam dieser Auftrag. Ein reicher Industrieller, Autonarr und Kunstliebhaber, hatte die verrückte Idee, eine Sammlung mit Arbeiten hochberühmter Künstler der Moderne zum Thema „Das Automobil" ins Leben zu rufen. Also Mondrian, Pollock, Magritte, Bacon, Giacometti und Schwitters sollten unbedingt vertreten sein, lautete eine Bedingung, und, bitteschön, keine ätzenden Darstellungen, die das Auto, jenes „kostbare Juwel, ja diesen wunderbaren Fetisch unserer mobilen Gesellschaft" desavouieren, das kann ich mir in meiner Position nicht leisten, hatte der Auftraggeber noch gesagt. Ansonsten lasse ich Ihnen völlig freie Hand. Lohmann war selbst Autonarr, aber so sehr ihn auch der Auftrag reizte, so großes Kopfzerbrechen bereitete er ihm. Gibt es überhaupt Autodarstellungen von diesen Künstlern? Es muß sie geben! sagte er sich und dachte an die halbe Million, der bei erfolgreichem Abschluß der Aktion nochmal soviel an Honorar folgen sollte. Am Abend fand Lohmann nur schwer den rechten Schlaf, unruhig wälzte er sich in seinem Bett. Die Beschaffung der Bilder gestaltete sich er-

Autodamen von Schwitters

Autokonstrukt von Rodschenko

50

51

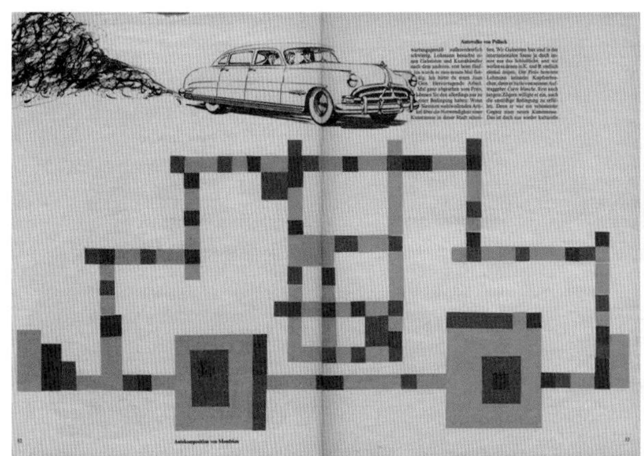

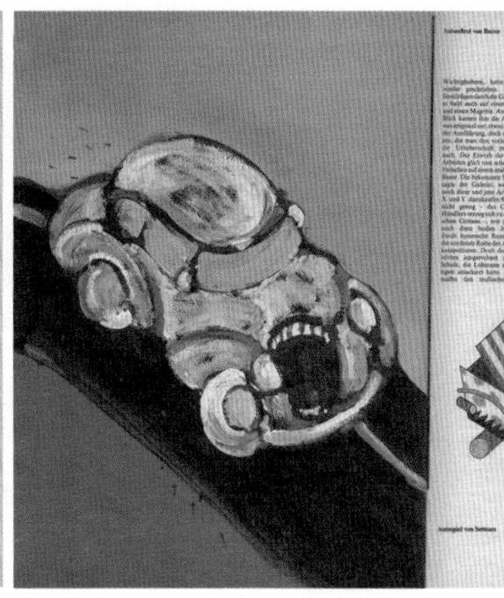

在这个训练过程中，学生不仅要进行理论的学习，还将在实际的操作中不断发掘、挑战自己的创作潜力。此时，培养学生的创造性思维和审美观念变得尤为重要。通过不断尝试，学生将能够克服技巧和表达上的障碍，逐渐形成独特的视觉语言，为他们未来的艺术创作打下坚实的基础。这样的训练过程不仅仅是技能的积累，更是一场对学生创造力和毅力的锻炼，有助于其成为有远见、富有创意的艺术设计师。

课题训练一：百变“物”

在这个环节的训练中，创作素材由教师提供。学生需要根据所给的图像进行形式语言的表现，即从一个具体形象出发，进行多种形式的变“形”，实现视觉上的繁衍与多样性的创作。关键在于保持原形态的基本符号特征，使观者仍能够辨认出变“形”后的图像与原始图像的关联。

在这一创作过程中，学生需要运用图形的综合表现力，探索多种可能的形态和变化。创作者的任务不仅是呈现单一形态，更是通过对背景、色彩、肌理等元素的巧妙运用，创造出有丰富个性和魅力的图形形式。这样的练习旨在培养学生的观察力和创意思维，使其能够灵活运用各种表现手法，展现出图形的丰富性。

尺寸：A4
手法：不限
要求：具有 10 种不同表现形式

Miss.D
MISS.D

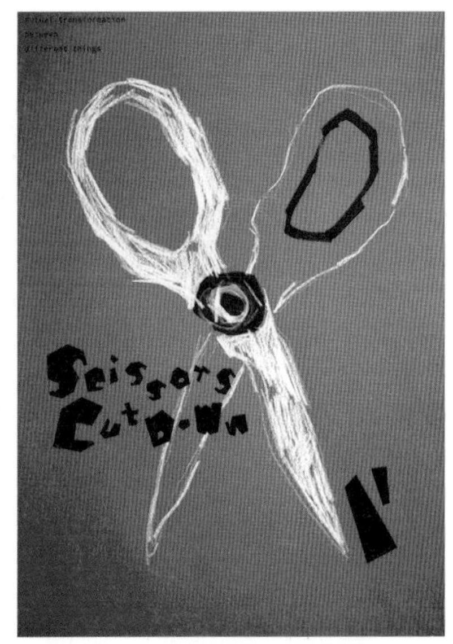

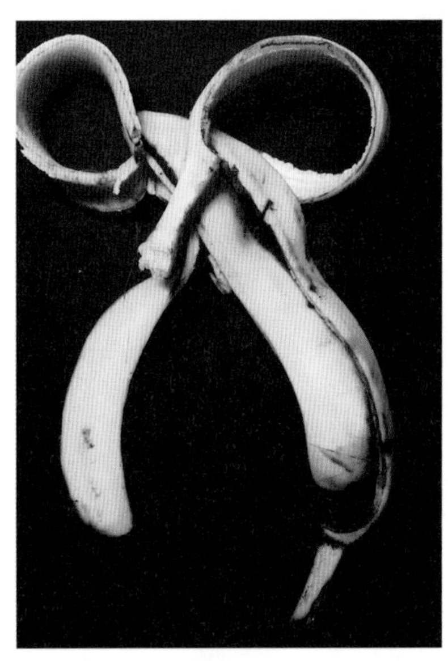

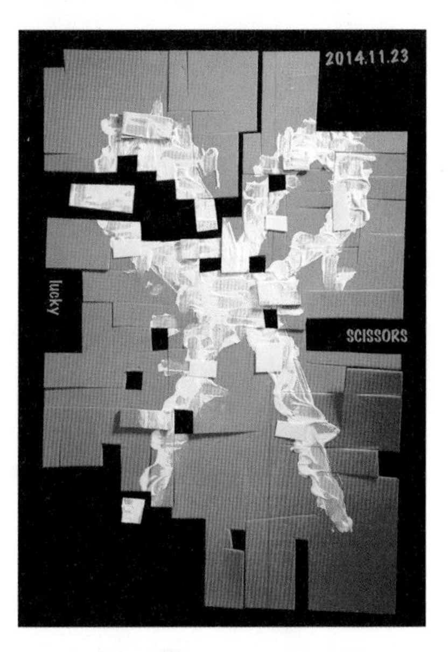
2014.11.23
lucky
SCISSORS

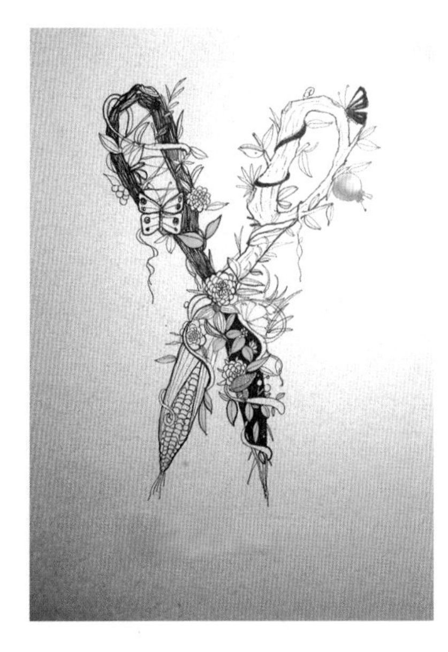

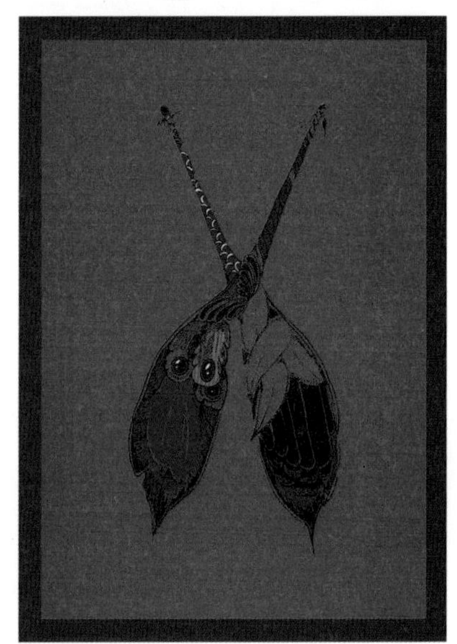

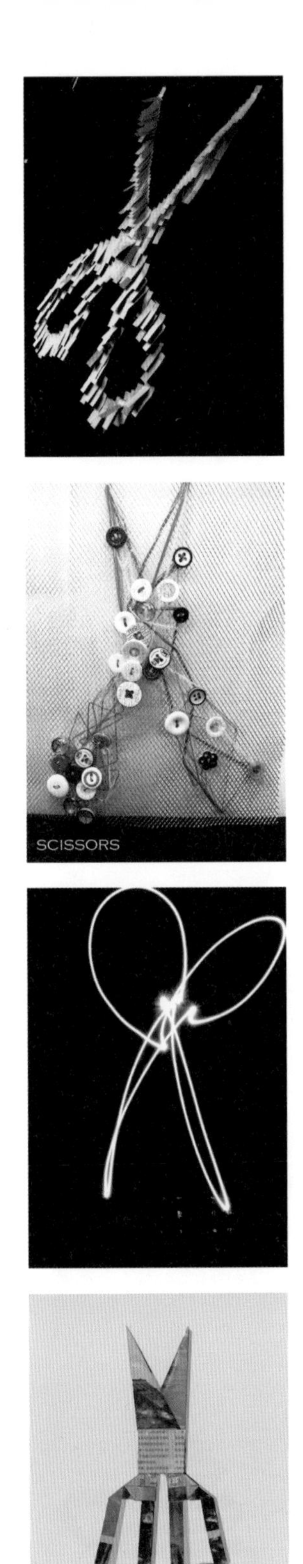
SCISSORS

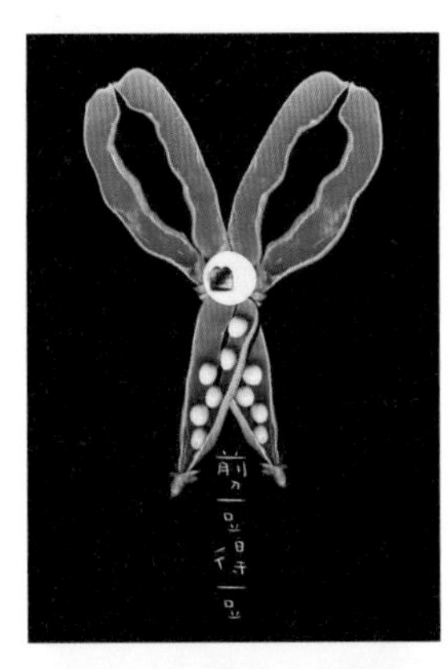

Please stop cutting animals' fur.
SCISSORS

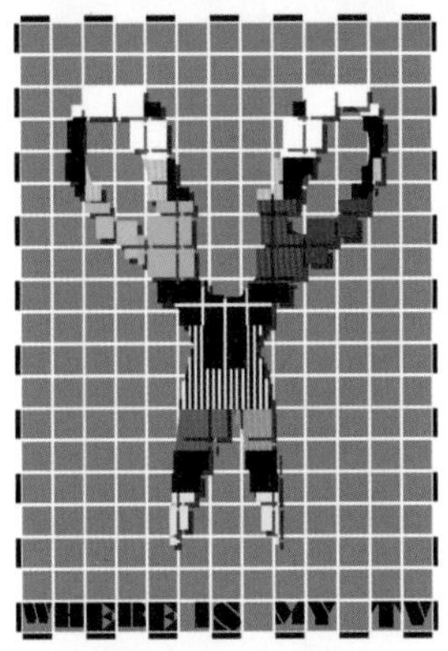
WHERE IS MY TV

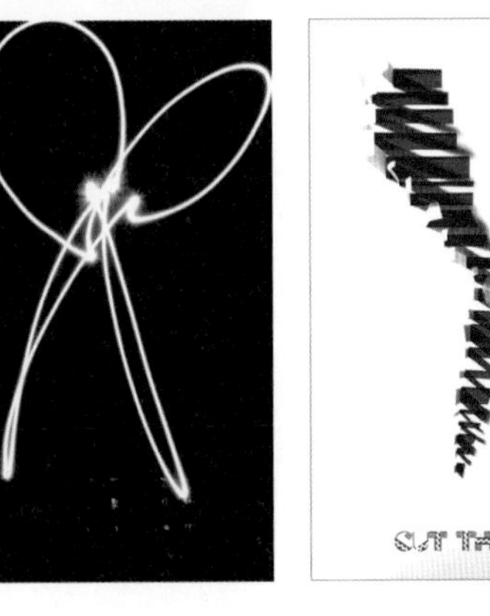

CUT THE PAPER

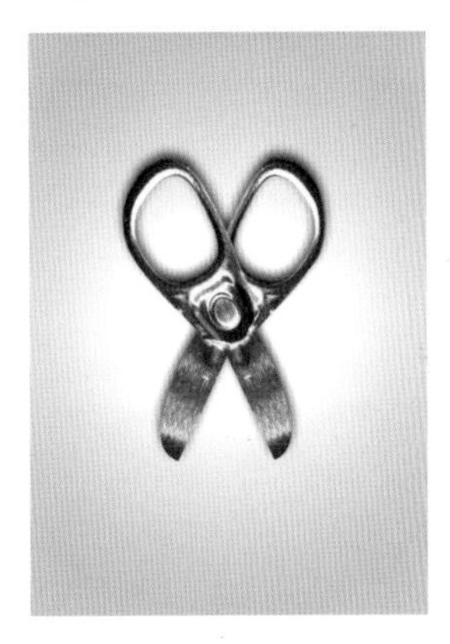

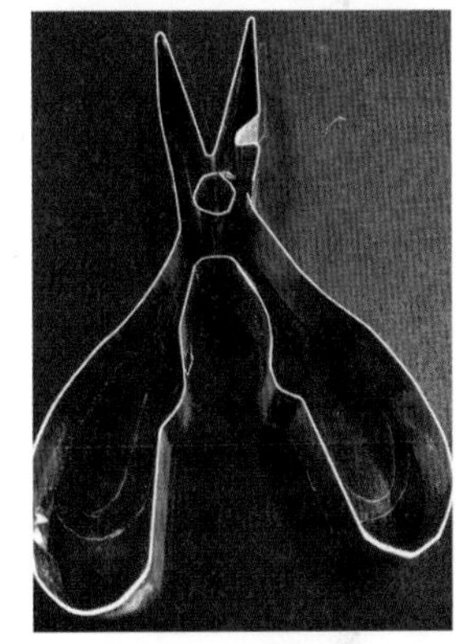

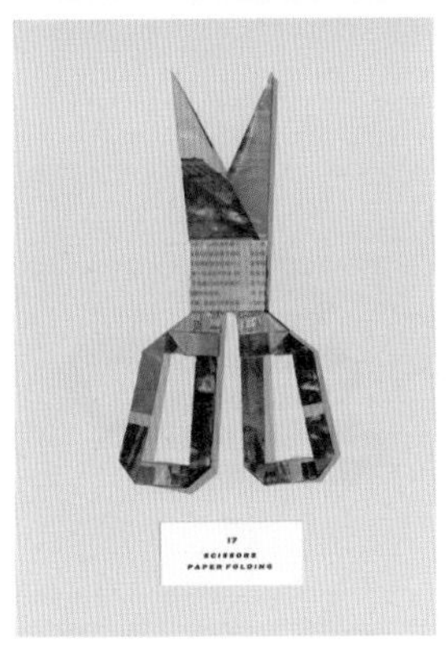
17
SCISSORS
PAPER FOLDING

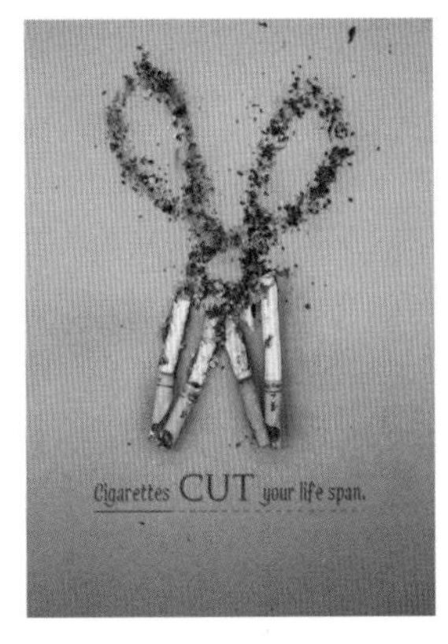
Cigarettes CUT your life span.

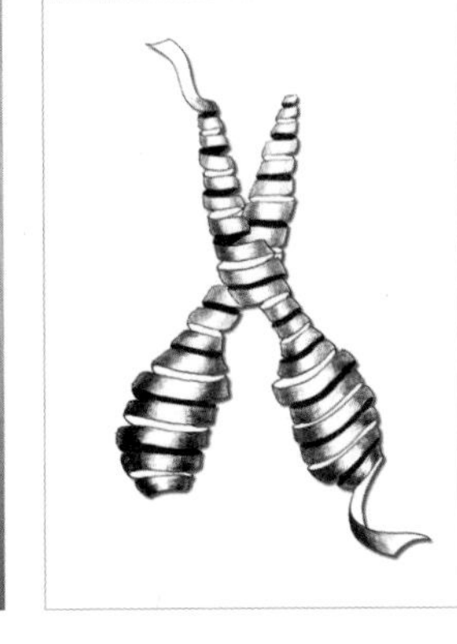

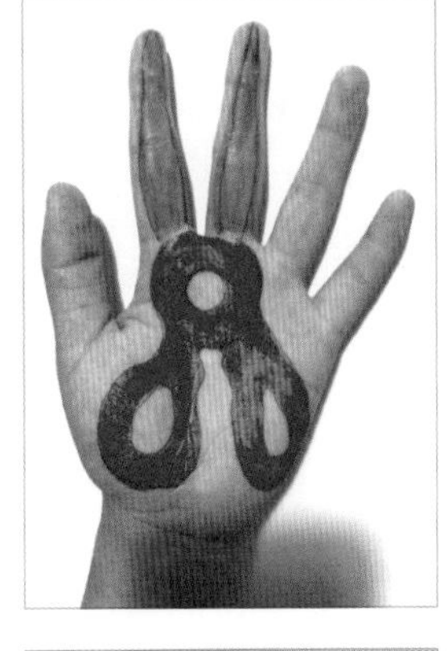

pascal

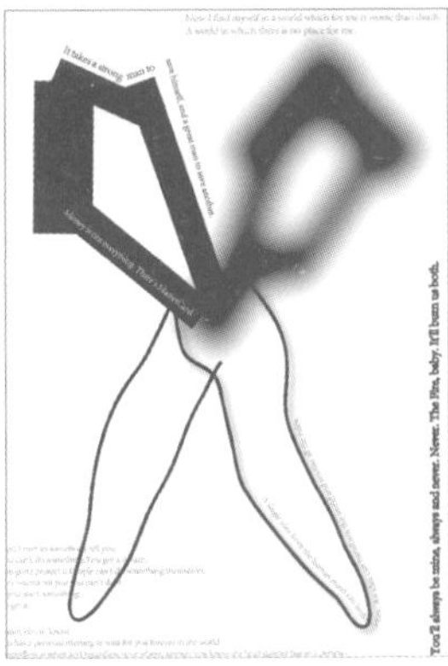

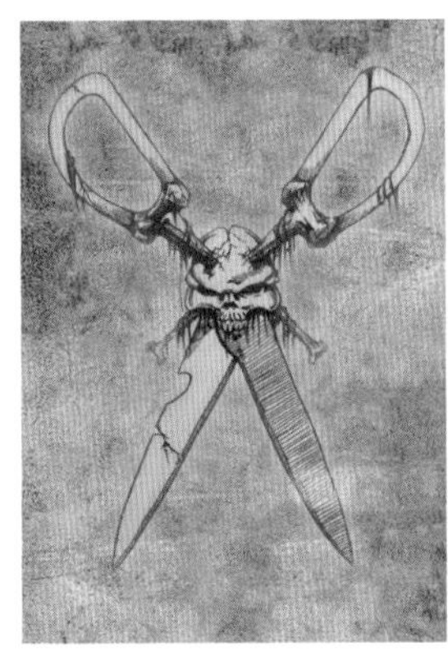

Coca
Cola

QUENCH!
UNFORG ET IT
MORE
NICE
WoW
MORE
Yeah!
Well
ADM
UNFORG ET IT
WoW!
BETTER!
Yeah!
QUENCH!
Coca-Cola
COCA CO
Hi!
我们都爱
CocaCola

Amazing
Cool
Wow
COCA
CO
Coca-Cola
COKE
th CocaCola
It was a constant
Coca-Cola
Coca-Cola
¥5

课题训练二：百变“动物”

在这个训练中，学生自行选择喜欢的动物图像素材，这为他们提供了一次自由发挥创意的机会。然而，需要注意的是，所选的动物必须具有明显的特征，能够容易地表现出其独特之处。这种特殊的选择要求有助于学生在表现中突显动物形态的独特美感，从而丰富他们的创作经验。

同时，在挑选动物图像素材时也需要考虑素材在造型表现上是否具有一定的拓展空间。这一点至关重要，因为有些动物的正面可能几乎没有表现的空间。选择具有拓展空间的素材有助于学生在表达中更加自由地发挥创意，展现出对动物形态的深刻理解。

尺寸：A4
手法：不限
要求：具有 10 种不同表现形式

The Owl

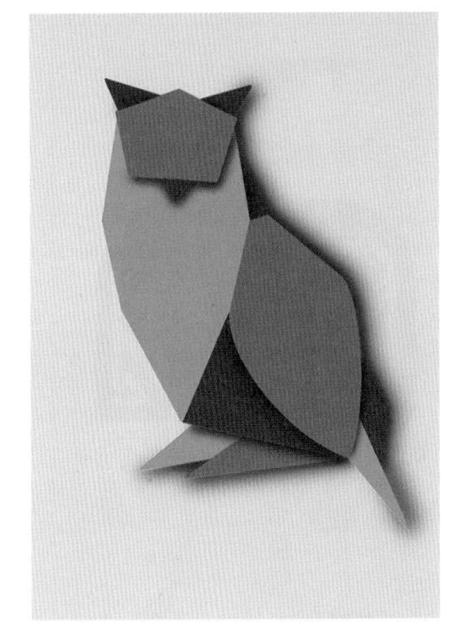

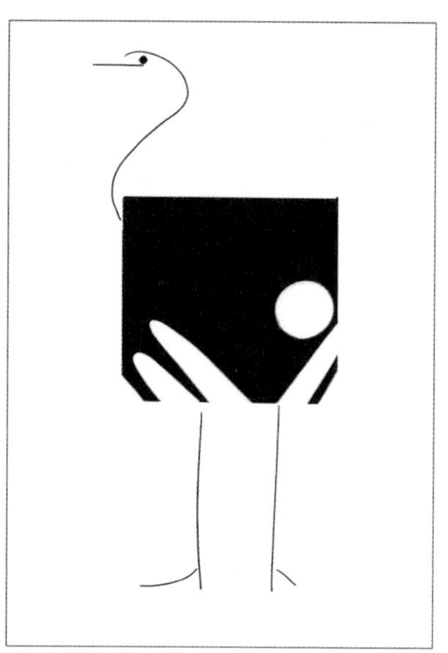

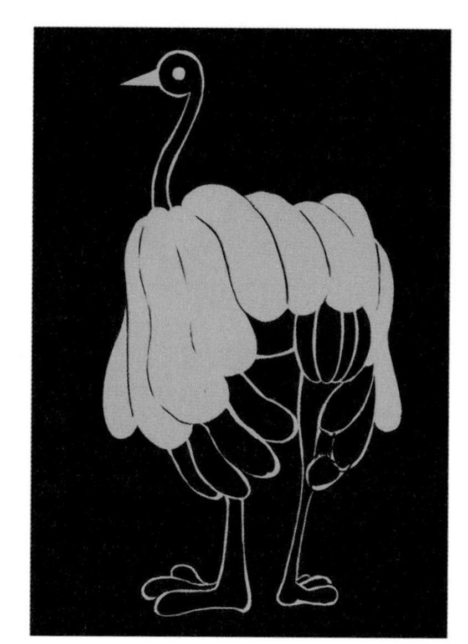

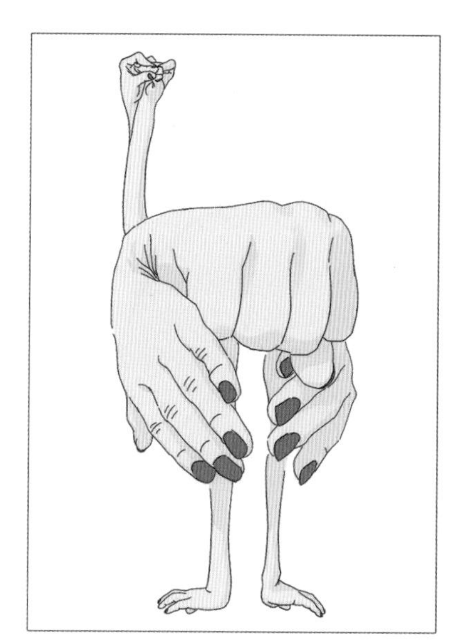

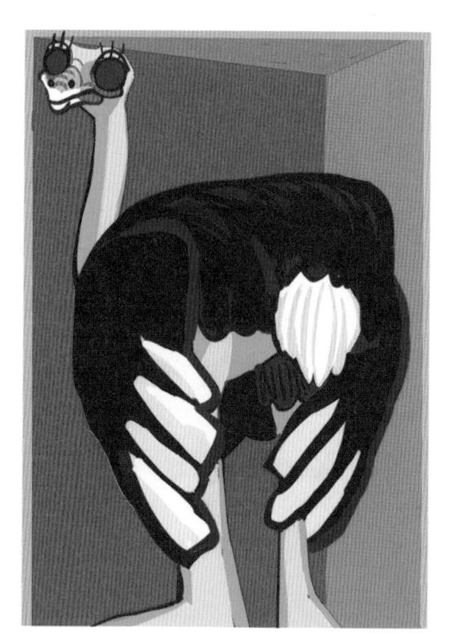

LA·DAME
AUX·CAMELIAS

鸵鸟

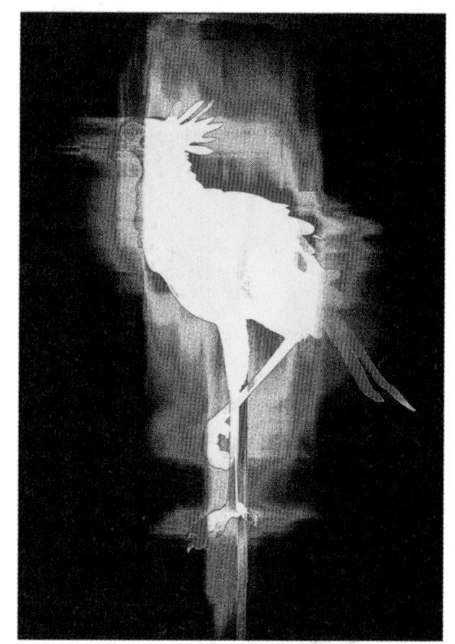

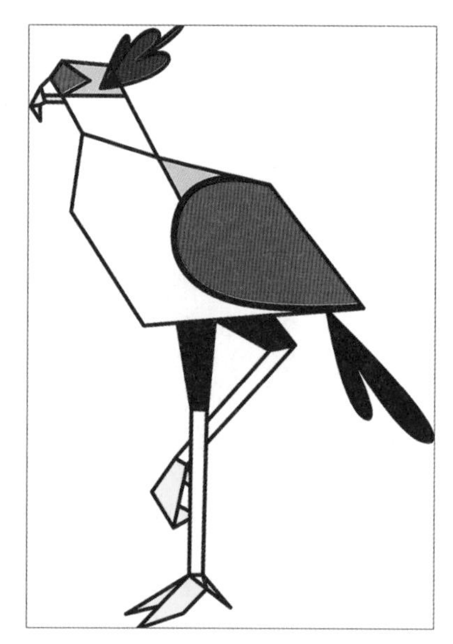

MANDILL
Woof

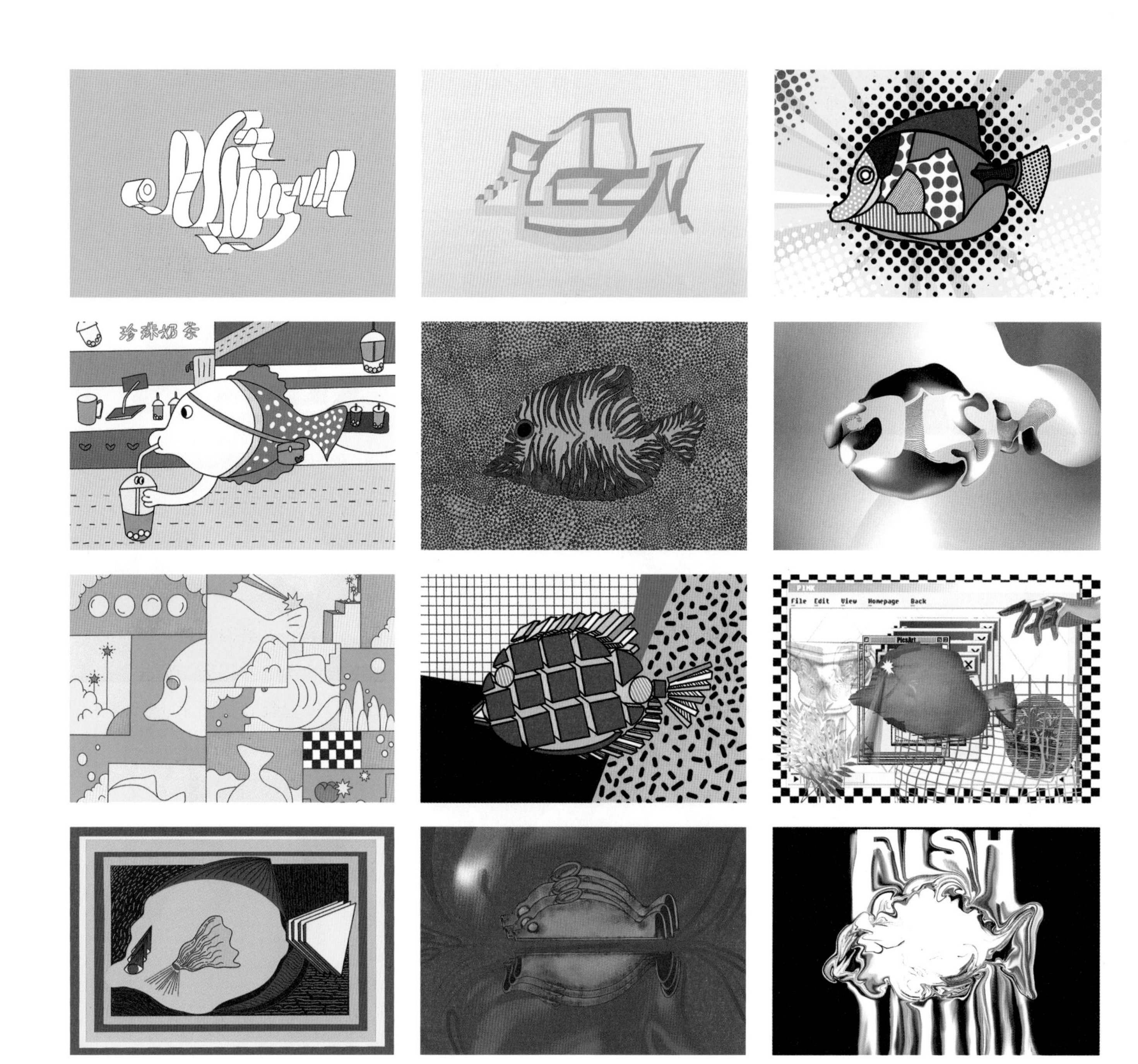
珍珠奶茶
File Edit View Homepage Back
PicsArt
FISH

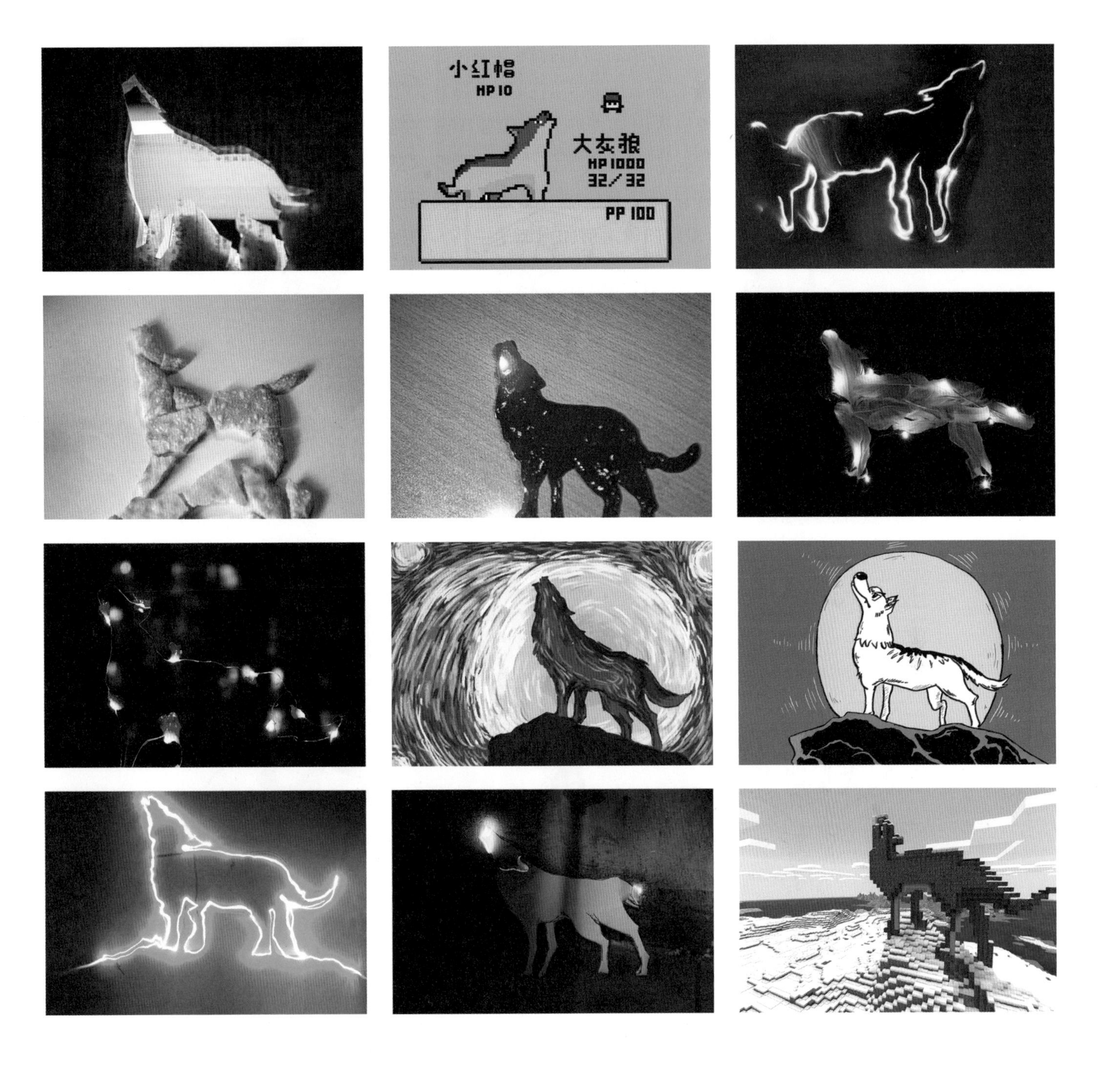
小红帽
HP 10
大灰狼
HP 1000
32/32
PP 100

GOOD
DAY

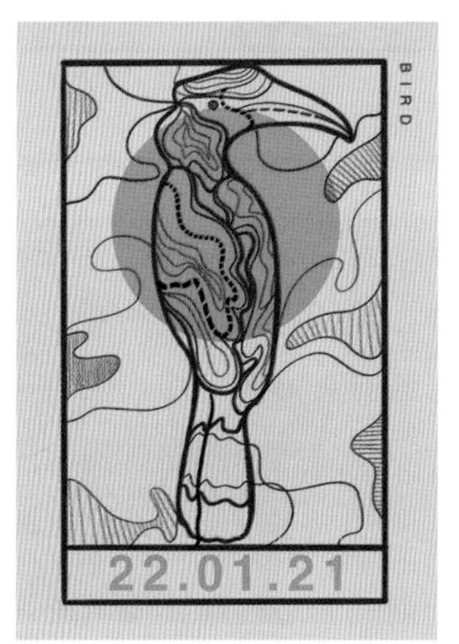
BIRD
22.01.21

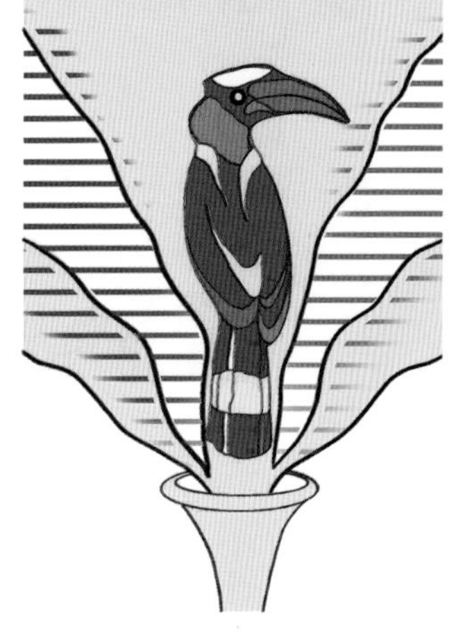

EVERY LASSST THURSSSSDAY OF THE MONTH
AMSTERDAM150
MUSIC BY REDBIRD DISTRICT SELECTION : TAIN MINGH JAMESZOO EAGLEMEN DJ EINDBASS DUO PENOSSI EDGAR RAMIRO ELMAR THE CANCELLERS BEN PENN AND SECRET GUESTS

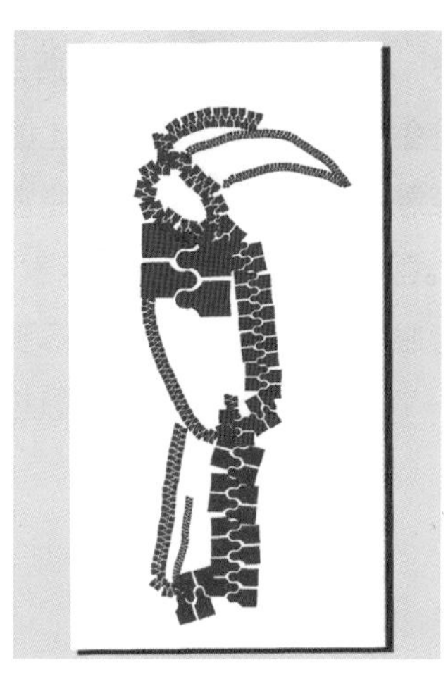

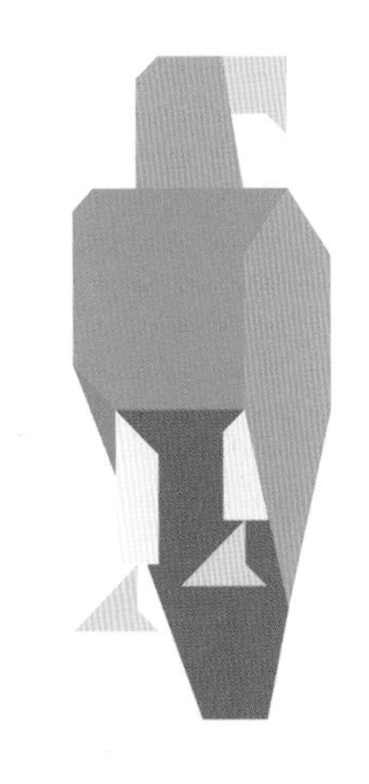

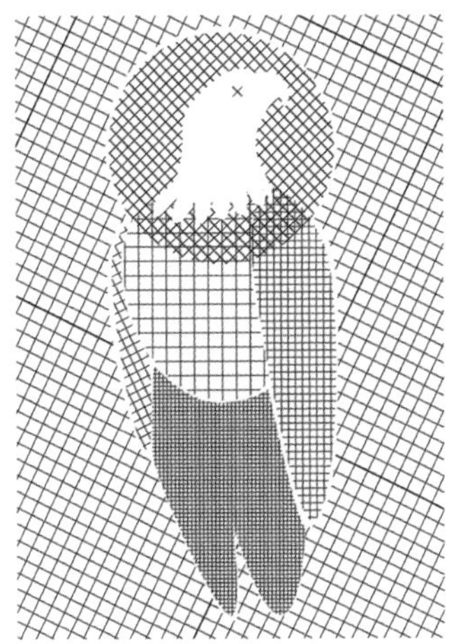

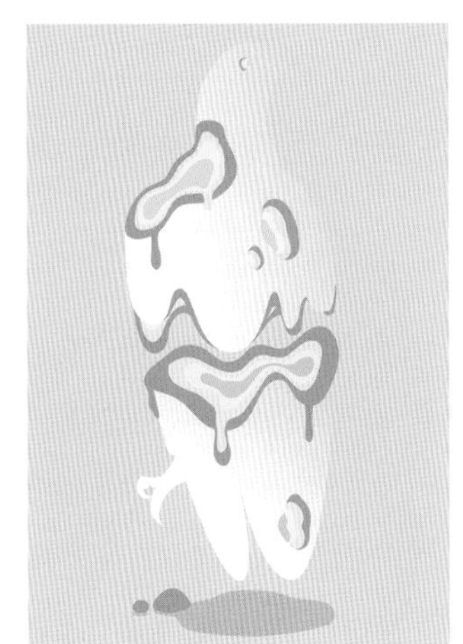

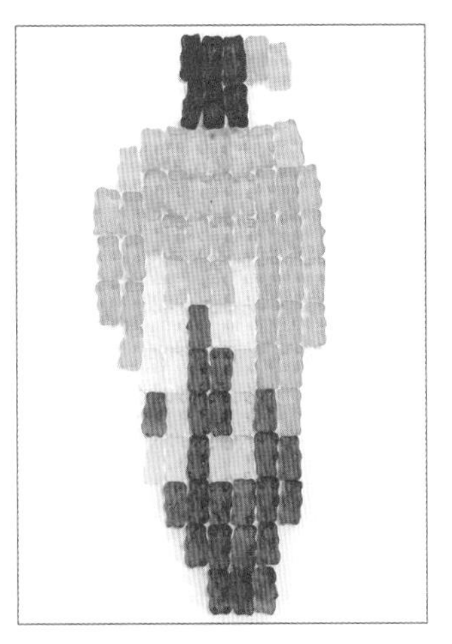

EAGLE

NEW
UGLY
GRAPHIC
DESIGN
DESIGN BY QIQIQI

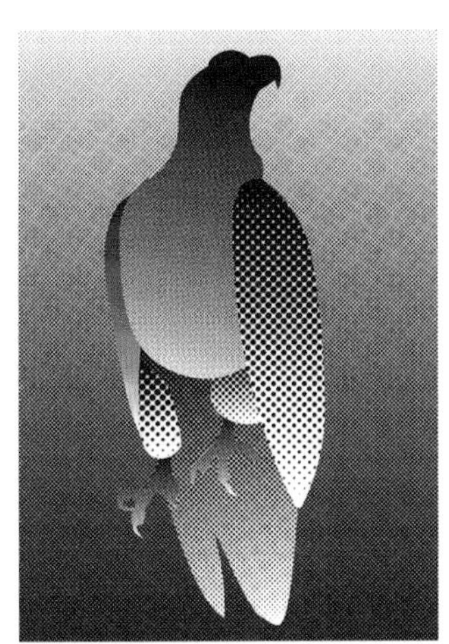

老鹰

课题训练三：百变“人物”

在这个训练中，学生选择以公众熟知的人物形象，如艺术家、音乐家、电影明星等为表现对象。这样的选择不仅使学生能够选择自己感兴趣或喜欢的公众人物，而且为他们提供了一个挑战自己的机会。在创作中，学生需要在保留原型特征的基础上展开联想，创作出幽默有趣的人物形象，体现出一种独特的艺术视角。

需要注意的是，选择的人物图像通常具有复杂的形状，因此在表现过程中需要有选择性地剔除细枝末节的元素，保留最具表征性的部分进行重点表现。这有助于确保人物形象在简化的同时仍然能够被观者轻松识别，并表达出其特征。

尺寸：A4
手法：不限
要求：具有 6 种不同表现形式

JOHN DILLINGER IS BROUGHT TO JUSTICE

Arch Criminal Is Shot . . .

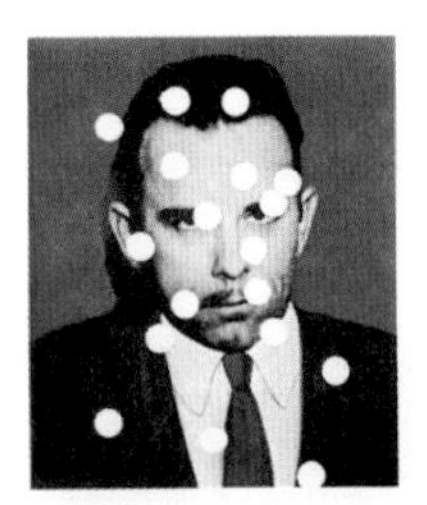

and rolled over

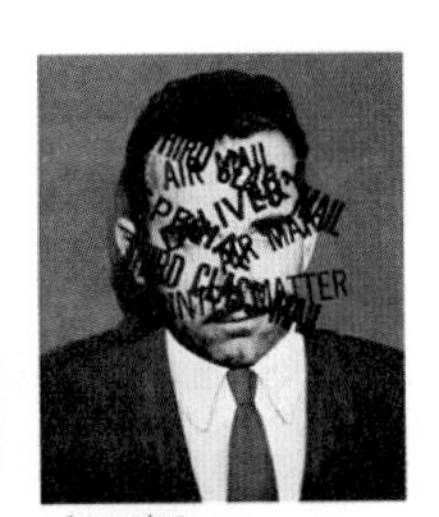

and stamped out

and scraped

and cut up

and knocked out

and folded and spindled

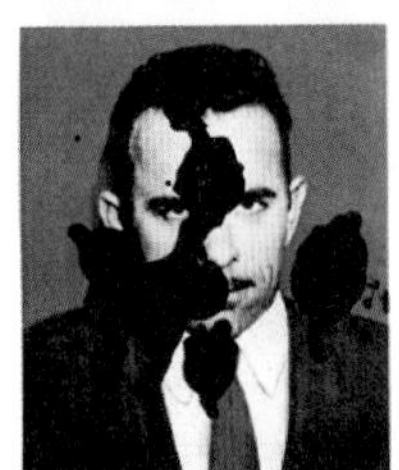

and messed up

and bleached out

and incinerated

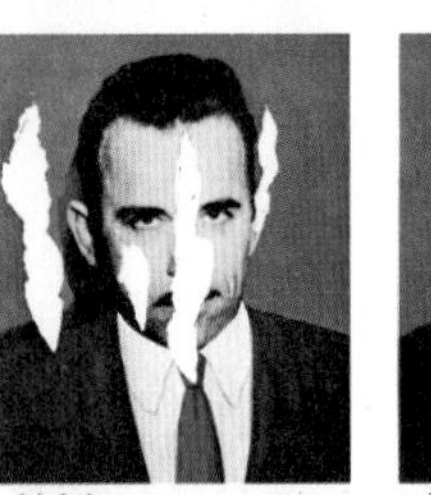

and slashed

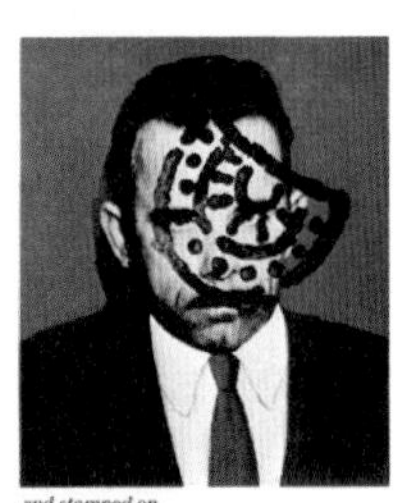

and stomped on

and rubbed out

and underexposed

and torn to pieces

and smoked out

and crossed out

and boiled.

Szépművészeti Múzeum
HOMMAGE À
TISZTELET
1991. JÚLIUS 11- SZEPTEMBER 8. BUDAPEST, HŐSÖK TERE
Museum der Bildenden Künste
BUDAPEST, HŐSÖK TERE 1991. JÚLIUS 11- SZEPTEMBER 8
Museo de Bellas Artes
EL GRECO
GRECONAK
Museum of Fine Arts

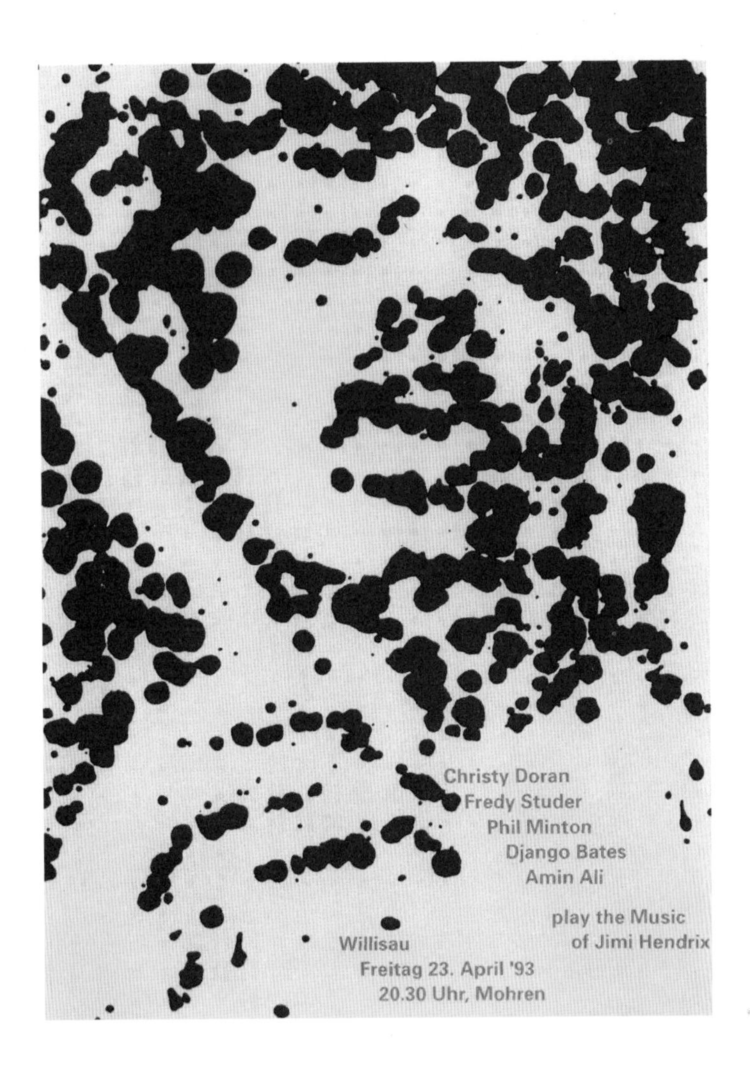
Christy Doran
Fredy Studer
Phil Minton
Django Bates
Amin Ali
play the Music
of Jimi Hendrix
Willisau
Freitag 23. April '93
20.30 Uhr, Mohren

"MarilynMonroe"
Marilyn Monroe
Marilyn Monroe

hice

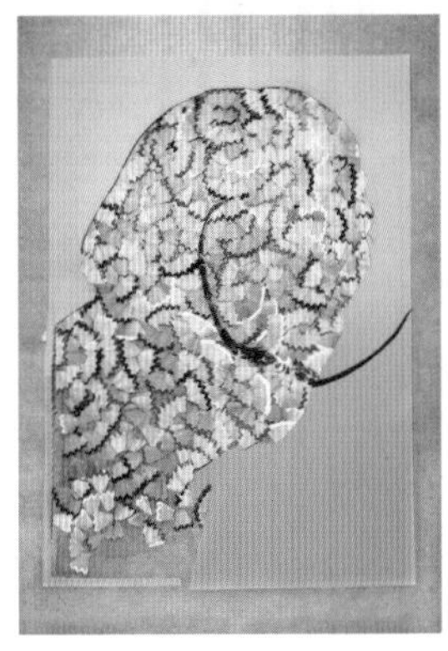

POW!

BOOM
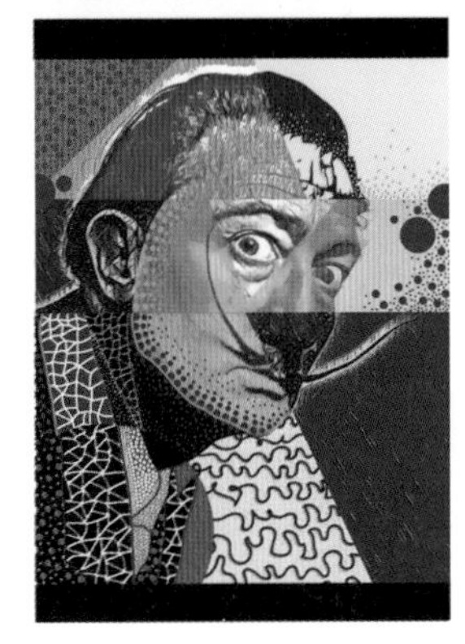

Hello !

DALI

良友
THE YOUNG COMPANION

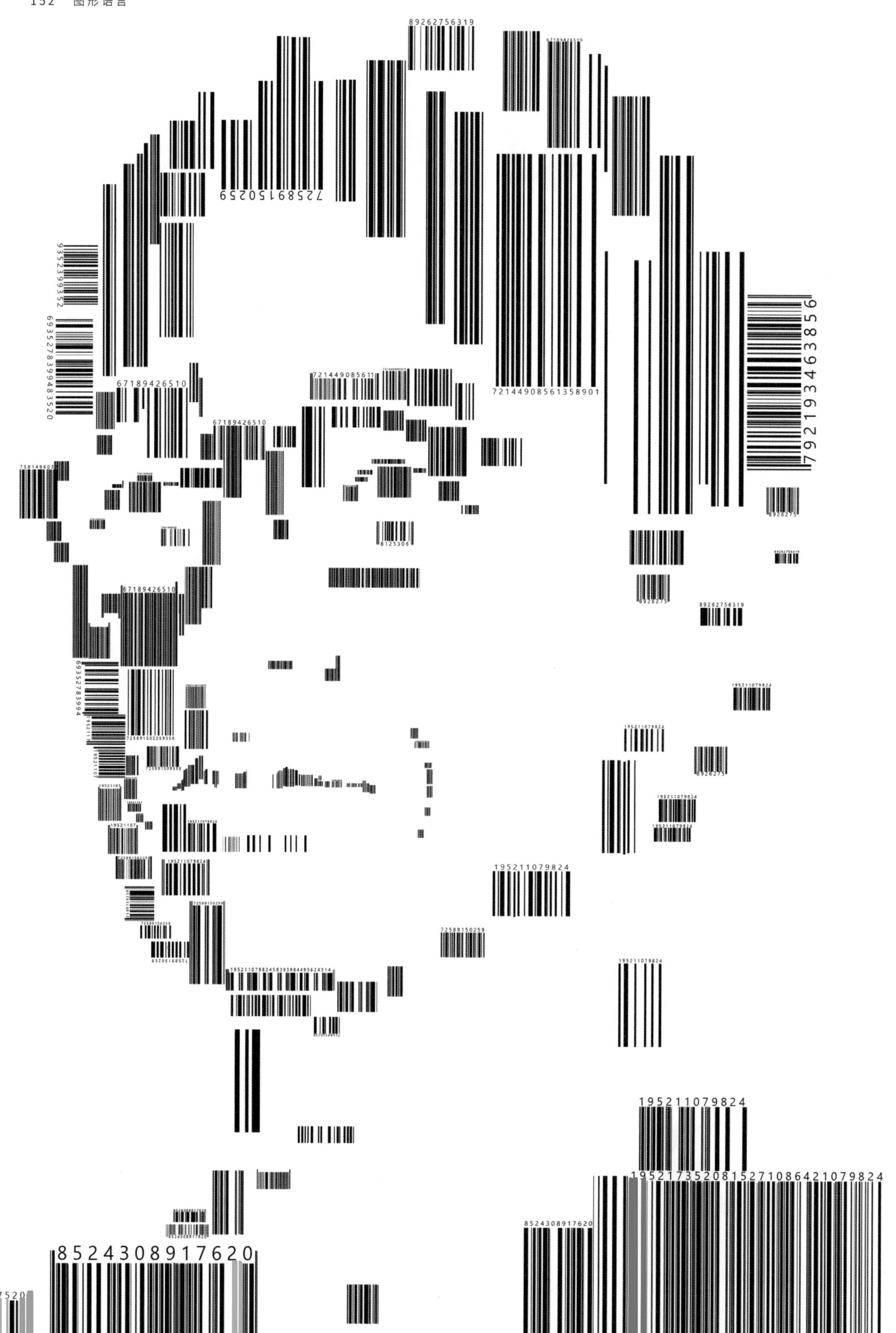

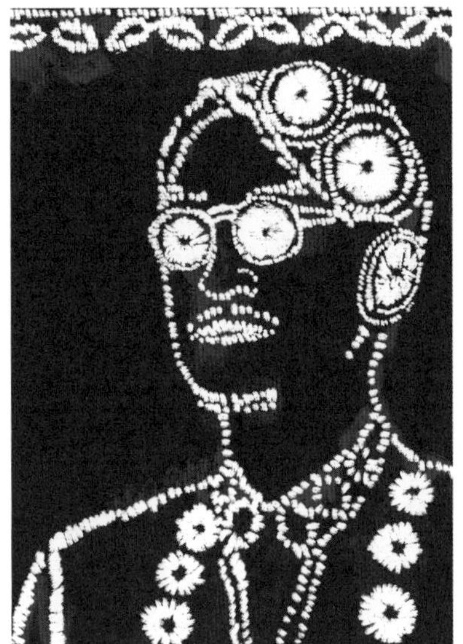

中国邮政 CHINA
世界著名音乐制作者——坂本龙一
1.60元

全国美术高考全真模拟考试专用试卷纸
姓名
坂本龙一
准考证号 1009
所在学校 浙江工业大学

坂本龙一

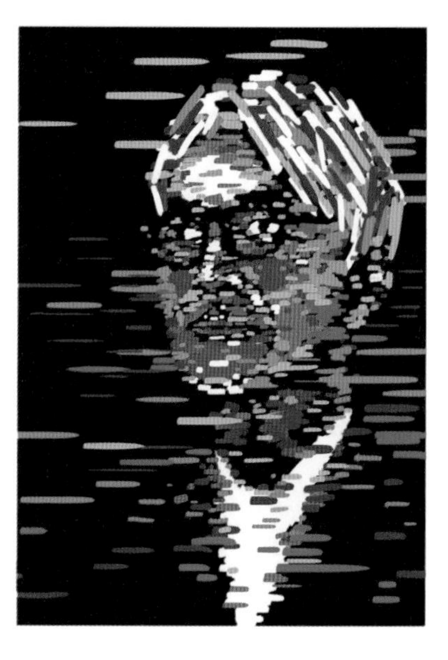

关注
推荐
LIVE
181.1w
8.1w
分享
记得双击点赞
@坂本龙一
#帮我上头条# @抖音小助手
@坂本龙一 - 终曲
首页
同城
消息
我

艺术的诞生
1952
1月 17日
宜
听雨 作诗
漫步 弹琴
银发少年
听永恒的声音
守音乐的孤岛
终
曲
Ryuichi Sakamoto

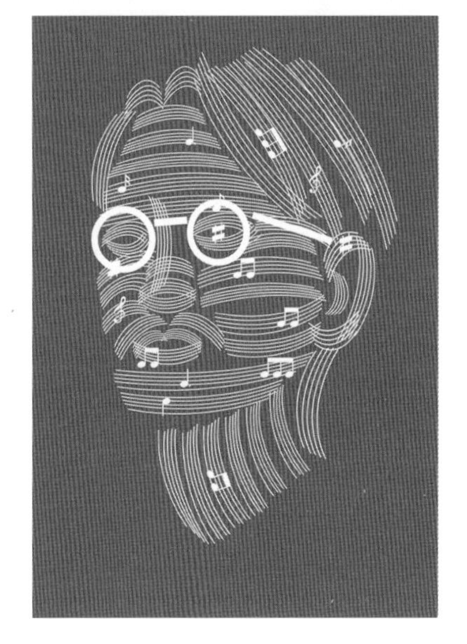

第三节 抽象思维与图形表现

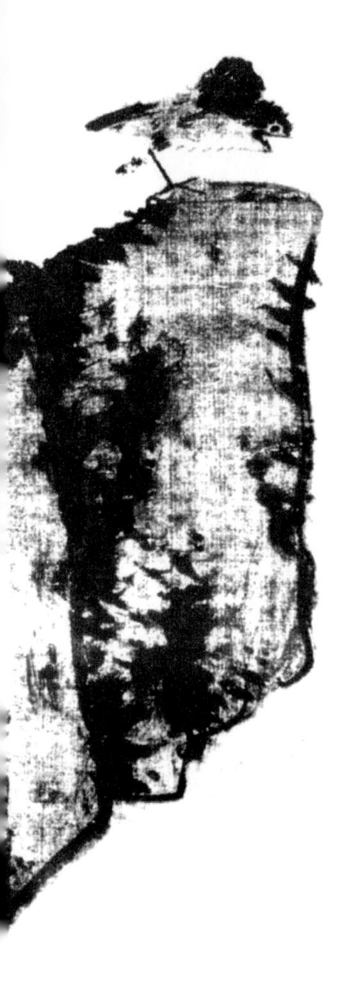

图 3-97

1．抽象概念的理解

《现代汉语词典》中“抽象”一词解释为：“从许多事物中，舍弃个别的、非本质的属性，抽出共同的、本质的属性……是形成概念的必要手段。”抽象同时指在思想上将事物的本质和非本质属性区分开来，抽取出本质属性而舍弃非本质属性的过程。抽象是相对于具象而言的认识事物的一种归纳方式，它能直接摆脱现实形态的束缚，传达情感与思想。抽象化是一种变形的过程，通过按照形式的规律保留有代表性的和动人的特征，再通过主观想象进行变形，使其本质和特征更加突出。运用抽象和概括的思维方式可以使我们从感性认知逐渐上升到理性层面。

在西方艺术世界里，俄国至上主义画家卡西米尔·塞文洛维奇·马列维奇、构成主义艺术家埃尔·利西茨基的作品是纯抽象的，是无物象绘画。西班牙画家胡安·米罗创作了类似有机生物的抽象形态，传达出现实世界的天真和神秘。法国艺术家让·阿尔普的有机形态的雕塑，造型自由、单纯、优美。俄国艺术家瓦西里·康定斯基的热抽象作品，从现实世界的物质形态中抽取形，将感受转化为视觉形态。还有保罗·克利作品中的抽象化形态，暗示着现实形象。

形的抽象意味着将复杂的形态简化，去除其他细节，保留并强调最具吸引力的特征进行强化表现。抽象的手段一方面可以从具象的物质形态中抽取具有特征性的元素，通过拆解、重组和变形，实现形态的表现；另一方面是对现实形态进行直接抽象，进行意象形态的视觉化。波兰设计师扬·莱尼卡（Jan Lenica）为歌剧《沃采克》创作的海报是高度抽象风格的代表作。在强烈而惊

图 3-98

图 3-97 ~ 图 3-98：
水墨画 | 艺术作品 | 八大山人 | 明朝末年
图 3-99：
Bauhaus Ballet | 书籍设计 | 设计者不详
图 3-100：
沃采克 | 海报 | 扬·莱尼卡 | 波兰

心动魄的鲜红色中，人物形态被抽象成线条轮廓，张大的嘴巴成为视觉焦点，象征着歌剧主角正在大声地痛苦吟唱。整张海报因流动、不稳定的粗放线条呈现出压抑、绝望与恐惧的基调。抽象的图形表达出一种独特而极富感染力的戏剧性语言。

在图形设计中，抽象的思维和表现训练是其重要的练习环节。“发现一个能被普遍理解的图形，将抽象的想法转换成视觉语言”是需要掌握的一种图形表现方法。

图 3-99

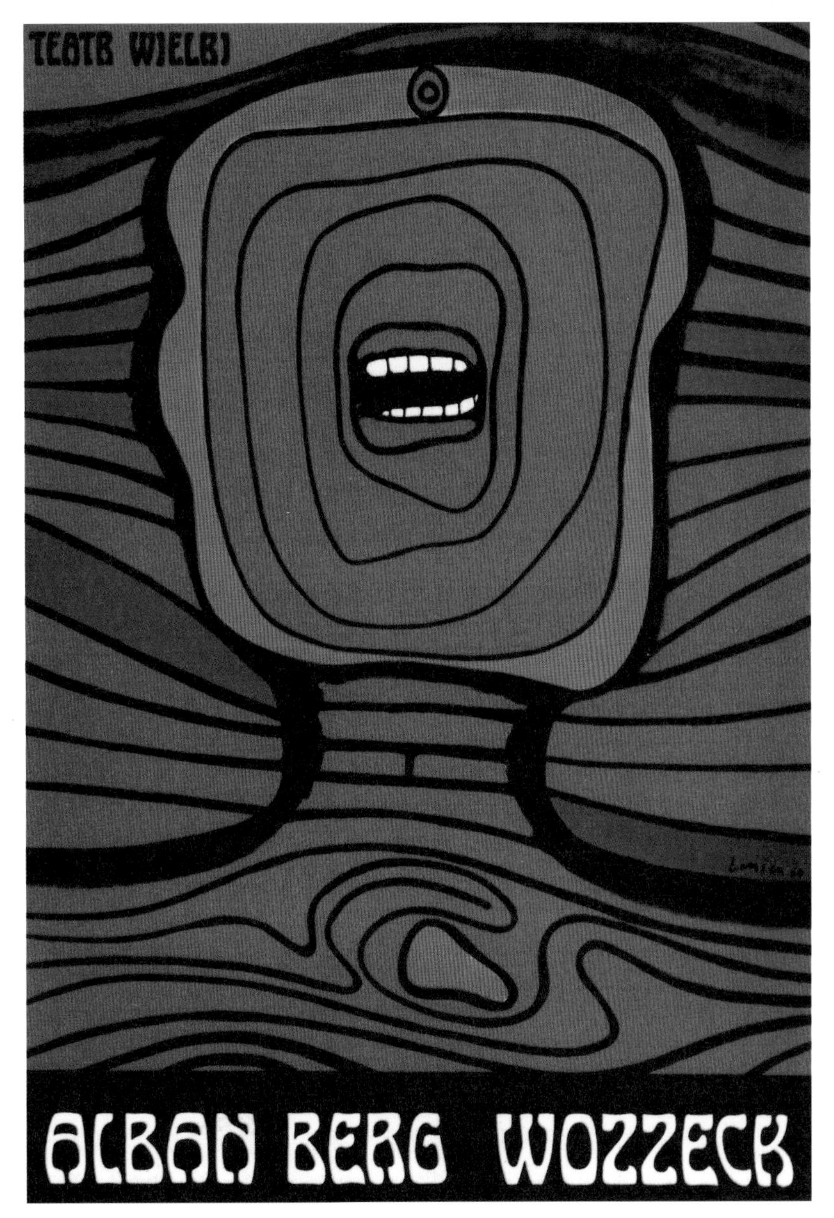

图 3-100

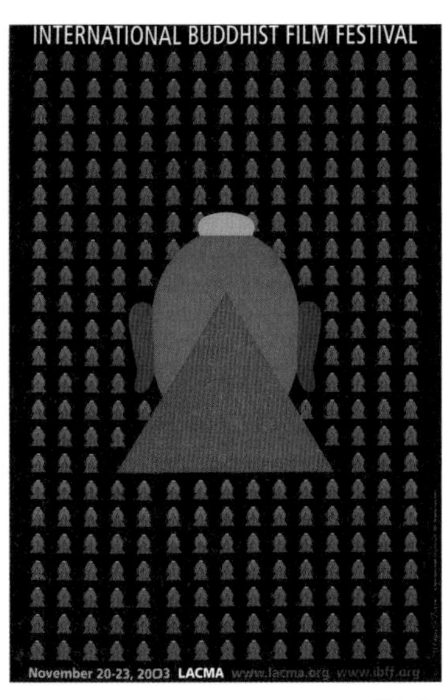

图 3-101

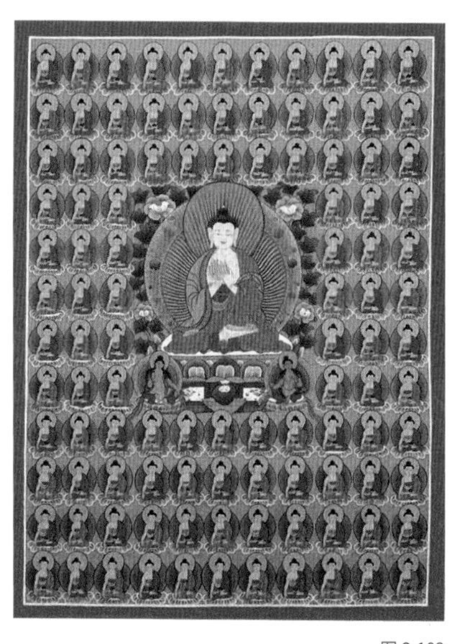

图 3-102

图 3-101：
佛教电影节 | 海报 | 米尔顿·格拉塞 | 美国
图 3-102：
佛教图像 | 艺术作品 | 绘画者不详
图 3-103：
每日先驱报纸 | 海报 | 爱德华·麦克奈特·考弗 | 英国
图 3-104：
TRI 银行 | 海报 | 小岛良平 | 日本
图 3-105：
拉姆萨尔公约国际会议 | 海报 | 小岛良平 | 日本
图 3-106～图 3-107：
风景 | 插画 | 查理·哈伯 | 美国

2．抽象思维的表现——几何语言

几何化是对具象或自然形态进行抽象造型的表现。几何结构能将事物概括为简单的几何形，从而精简事物的体量。设计中的几何化能揭示构成形态基本要素之间的视觉关系，包括比例和数理关系，从而阐释设计作品中的视觉关联。最常见的几何形具有普遍的规律性和秩序性，强调事物的轮廓特征。简洁的形状，如长方形、圆形、三角形等，能够组合成千变万化的抽象图形。英国设计师爱德华·麦克奈特·考弗（Edward McKnight Kauffer）为《每日先驱报》设计的海报是平面设计史上最具开创性的几何作品之一。在大片鲜黄色的背景下，八只飞燕呈几何形状，黑白灰色相互交织，形态错落有致，构图视角微微倾斜，使作品富有强烈的现代美感。

图 3-103

日本设计师小岛良平的创作主题以花草树木、鸟兽虫鱼等自然物为主。他擅长将表现对象图形化、单纯化、精简化，运用最低限度的几何造型要素进行表现。他的作品不仅具有良好的外观，而且像机械一样，呈现出结构严密而精致的形态。美国插画师查理·哈伯（Charley Harper）的创作主题也主要围绕自然展开。在他的画作中，动物、树木和花卉以千姿百态的美丽几何形态呈现。其作品以单纯性与统一性为特点，构成了抽象而优美的形态，使图形产生富有节奏感的韵律，蕴含着“优雅的精密”。查理·哈伯凭借长年积累的视觉审美意识和对艺术美学的感悟，形成了图形美的独特“结晶体”。

图 3-104

图 3-105

图 3-106

图 3-107

第四节 图形叙事与传达

1. 简化与提炼

简化原则是指将观察到的形态精简为按照功能需要的最基本成分，去除多余的外形装饰，突显整体造型的基本特征。简化的过程就是按照图形的规律做形式上的减法，以极简的形式进行总结，省略具体细节，聚焦重点，从而以简练的形式传达形象的特征。儿童绘画表现出的单纯与简化接近抽象，因为他们毫无拘束地表达自己的感受，通过随意的勾画呈现所见所感，正是这种表现方式成就了最富有创造力的高度抽象作品。

简洁的形态意味着概括或减弱与主题意象无关的元素，使形态趋向单纯而有力，使元素更为简练和纯粹。“简化”并非简单化，而是通过对元素的条理化和简洁化，使形态更加简约，形象更加鲜明，表达的是精简与克制。1945 年，巴勃罗· 毕加索创作的素描作品《牛的分析过程》就将牛的自然形态简化为最本质的形态。美国著名插画师索尔·斯坦伯格用简练的线条艺术精妙地记录下他所经历的大时代图景。他的线条将万物简化、重新定位，变得清晰明了。

格式塔心理学观点认为：“人的眼睛倾向于把任何一个刺激样式看成已知条件所允许达到的最简单的形状。”实际上，简化原则成为一种在把握本质的基础上巧妙组织的手段，通过删除琐碎的细节、突出整体的重点来恢复秩序。简化的基本原则是，若某些要素与整体紧密结合，则予以保留；若破坏整体，则需要重新调整或删减。简化的方式包括将形态相近或相似的线形规整化，减少繁乱无规则的变化，寻找协调的因素，使形态更加规整统一；同时，采用概括手法进行提炼省略，在原素材中萃取出既有特点又简洁的形象，使复杂变得单纯。

郑板桥的诗句“删繁就简三秋树”可以被看作对图形设计简化形式的精彩描述，其目的在于以最为清晰明确的图形传达内容与信息，摒弃一切不必要的元素。简化并没有固定的方式和规则，

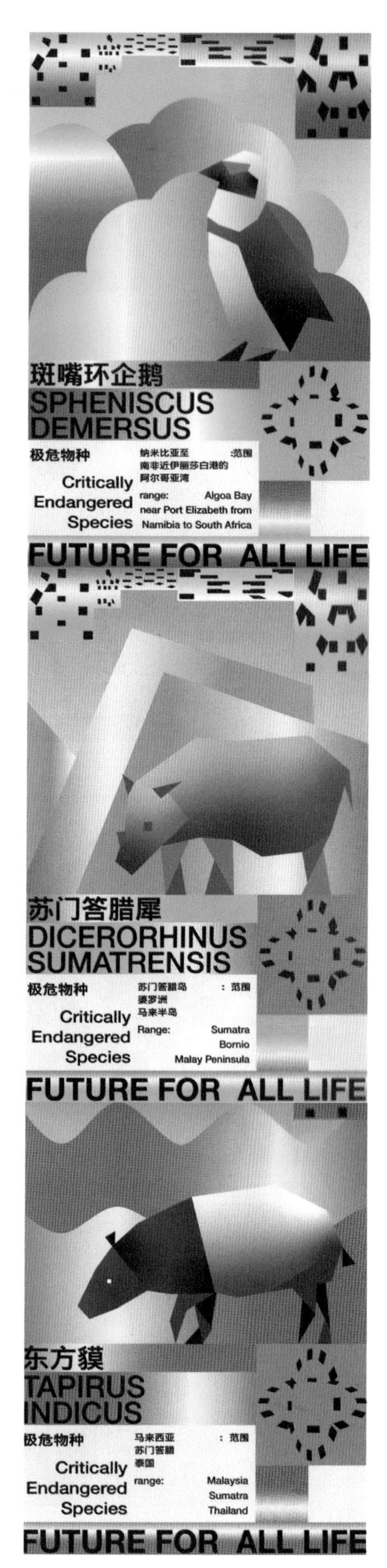

图 3-108

需要根据直觉进行判断，而良好的直觉判断则需要通过大量的设计实践来培养。

图 3-109

2．表现与传达

（1）概括与分析

设计的第一步是对所选素材进行形的分析。一般来说，素材原图的形态较为具象和复杂。第一步，需要分析形态的特点，进行适当的简化，提炼能够表现形象特征的部分。第二步，进行概括或抽象，同时要保留素材的原味，勇于大胆尝试各种图形表现方式。

对原始形态进行概括和提炼需要注意以下三点。一是简化。规整和减少繁乱无规则的相似或相近的形，寻找协调的因素，掌握“去繁就简是形式，去粗取精是实质”，提炼具有特点的典型性元素，突出鲜明的形象，使复杂变得单纯。二是强化。强化是在简化的基础上，运用夸张变形的手法，即夸大形态的特征或重要细节，在审视形态的形状、结构、比例等关系上寻求恰到好处的变化，强化对比。三是美感。凝练艺术美的形态是图形至美情趣的追求，需要把握好系列形象的整体美和细节美的统一。

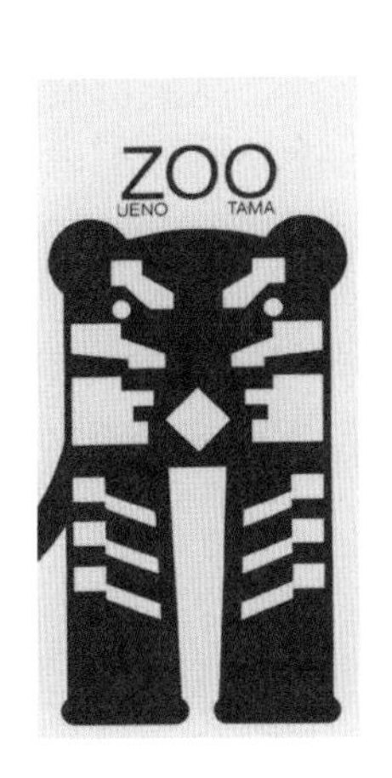

图 3-110

图 3-108：
生命共同体 | 海报 | 景军军 | 中国
图 3-109～图 3-110：
动物园 | 图形 | 仲条正义 | 日本

（2）尝试与表达

图形语言课程的前期训练主要针对某一图像进行形式求解，要求以图形多样化的形式表现为主，打破惯常的思维方式，创造新的形态。而在系列形象设计中，训练要求运用一种特定的手法进行系列表现。这里的“一种特定的手法”是需要根据特定的主题和内容进行“量身定制”的设计，以符合主题的概念语意进行多语言风格的尝试。

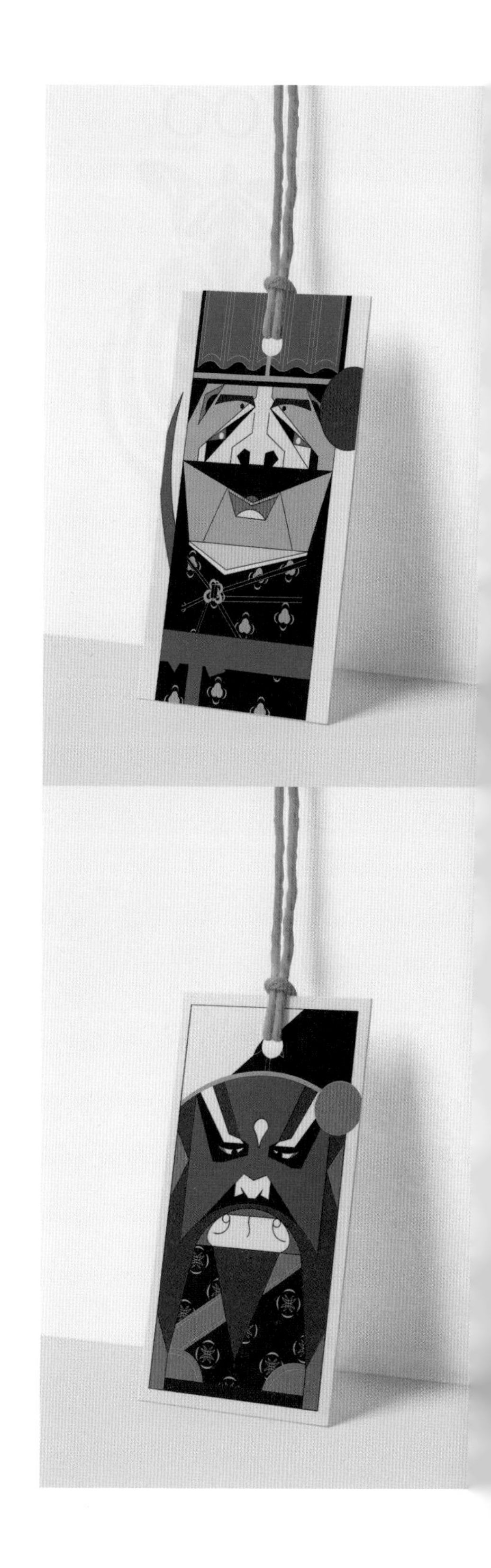

设计师应在对原素材形态进行分析、简化、特征提炼的基础上，结合形式语言的表现手法，运用现代的审美观念进行图形设计。设计形态应与主题气质相符。在后期，需要精心打磨图形的细节。一个单独的图形设计相对较容易，而着手整体的图形设计则具有一定难度，涉及对形与色的整体把控、细节的完善、形式感的统一，以及最终的视觉效果。就像在写作中进行最后的文字润色、推敲结构的合理与平衡一样，这也是设计最终输出前的必要审查。

（3）应用与传播

图形设计最终需要应用于实际场景与传播中。即使课程时间有限，未必能够制作出实物效果，也应该在电脑上展示出应用效果，形成一个完整的“闭环”练习。当图形调整完毕并定稿后，应选择与主题相符的样机素材。

在衍生应用的设计中，需要注意以下三点。一是样机素材和图形风格的统一性。例如，对于涂鸦风格的图形，应选择年轻化、富有个性的样机素材，确保图形风格整体统一，同时考虑适应主题载体的特点。二是素材图应尽可能选择展现从平面到空间多种效果的图样。图形的应用需要从二维拓展到三维，考虑整体性的图形应用。三是灵活运用样机素材。在应用样机时要灵活，避免死板的贴图，应选择具有变化和角度的图样，突出图形应用素材的优势，体现图样的审美和品位。

课题训练　传统新语

中国传统文化符号的研究与视觉表现是图形语言课程设置的专题训练，旨在通过对传统文化视觉符号的研究，培养学生对传统视觉的理解与分析能力，提升他们对文化内涵深入解读的素养和视觉表现能力。党的二十大报告提出了“推进文化自信自强，铸就社会主义文化新辉煌”的口号，我们需要回溯中国文化的精粹与根源，以实现“文化自信”的目标。

中国传统艺术源远流长，经过长期的发展和演变，以独特多样的形态展现出富有魅力的民族精神。在现代设计领域，对具有中国特色的造型元素进行形态的活化设计，不仅是对传统文化的传承与发扬，更是对现代设计观念的创新。通过将传统元素巧妙融入现代设计语境中，设计师能够赋予这些元素新的生命，使其更符合当代审美需求。

这种形态的活化设计不仅是对形式的变革，更是对传统元素所蕴含的深刻内涵的重新诠释。通过巧妙地结合现代艺术表达手法，设计师能够让古老的文化符号焕发出全新的艺术光彩。这样的设计不仅使得传统文化更具时尚感和现代气息，同时也让观者更容易理解和接受这些古老的元素。

在这个过程中，设计师不仅是在传承文化，更是在用创新的眼光赋予传统艺术新的生命力。通过这样的形态活化设计，古老的元素不再是尘封的历史，而是成为当代信息传递的媒介。这种文化传承与创新的结合，使得中国传统艺术在当代设计领域展现出更加丰富多样的面貌，为国际文化交流贡献了独特的民族魅力。

本课题训练首先引导学生有目的地采集传统文化中的某种形式或元素，从中挖掘并解读具有代表性的视觉语义。要求理解该元素的概念、渊源、特征等，掌握其文化形态的发生、发展、历史，并进行信息采集与理论研究。其次，学生需要寻找采集的文化视觉符号与现实精神之间的语义关联，发现当代社会群体的潜在需求，分析文化语意与当代设计情感诉求的互补性和结合点。要求在庞大的信息中提炼关键内容，提供清晰的“活化”思路，并确定实施的设计方案。再次，学生在设计实践中通过概念提炼、主题命名、方案尝试、图形设计及载体应用，对元素进行视觉创新与活化，力求创作出富有文化内涵和时代个性的作品。

训练要求：

可以根据自己的兴趣从书籍或网络中获取具有代表性的中国传统文化元素，如敦煌壁画、皮影、《山海经》、年画、戏曲、古代绘画作品等。通过深入了解和学习这些具有代表性的传统文化元素，更好地理解中国传统文化的内涵与魅力。

（1）敦煌壁画：敦煌壁画是中国古代艺术的杰作之一，以精湛的艺术技巧和丰富的题材而闻名，描绘了宗教、历史、社会生活等方面的场景，反映了古代中国的文化和信仰。

（2）皮影：皮影戏是一种中国传统的戏剧形式，利用剪影在背光下表演。这种艺术形式既有着悠久的历史，又富有独特的民间特色，常常通过故事、歌曲和表演展现中国传统价值观和道德观。

（3）《山海经》：《山海经》是中国古代一部描述神话传说、地理风貌和民族风俗的古籍，被认为是中国古代地理志和民族志的重要文献，对后世的地理、历史、文化研究有着深远影响。

（4）年画：年画是中国传统文化中与春节有关的重要物品之一，用来庆祝新年的到来。年画常常描绘民间故事、传统神话、吉祥物等，它不仅是一种装饰艺术，还蕴含着丰富的文化寓意和象征意义。

（5）戏曲：中国戏曲是中国传统文化的重要组成部分。戏曲以独特的音乐、舞蹈、表演形式传承了丰富的历史文化内涵，反映了中国传统社会的生活、价值观和审美情趣。

（6）古代绘画作品：从古代的青铜器铭文、隋唐时期的壁画到宋元明清时期的山水画、花鸟画等，每个时期的绘画都有着独特的艺术风格和表现手法，反映了当时社会文化的特点和艺术家的审美追求。

要求：

（1）保留原素材的主要特征，进行大胆的概括和提炼，寻求能使传统元素焕发出新语言的形式符号。

（2）统一的视觉风格演绎。

（3）设计形象符合时代需求。

数量：系列图形 6~9 张，样机效果 6~9 张

尺寸：单幅 A4，样机素材尺寸不限

课题名：天龙八部 设计者：陈洁

设计阐述

本课题以敦煌佛教护法神“八部众”为设计对象，主要从图像的造型、色彩和线条三方面展开分析与研究。在设计过程中，设计者面临的最大挑战是如何平衡传统与现代的关系，既要体现对敦煌传统文化的尊重，又要设计出符合年轻人审美的形态。经过多个方案的制定和设计调整，最终完成了一套既具有现代性和趣味性，又蕴含古典韵味和年轻化特征的形象设计。

素材形象确定

设计方案尝试

设计方案定稿

夜叉

龙众那伽

天众提婆

乾闼婆

迦楼罗

紧那罗

阿修罗

摩睺罗伽

设计方案应用

课题名：浓郁戏影　设计者：江楠

设计阐述

本课题聚焦传统皮影艺术的制作方式、造型等方面的视觉研究，将皮影元素与现代设计理念相结合，在保留原特征基础上，对其进行画面的解构和几何概括。造型更简洁和抽象化，以展示有效的信息，提高设计的视觉冲击力和识别度，探寻符合现代人审美习惯的视觉形式，展现具有中国特色的艺术魅力。

素材形象确定

设计方案尝试

方案一

方案二

方案三

方案四

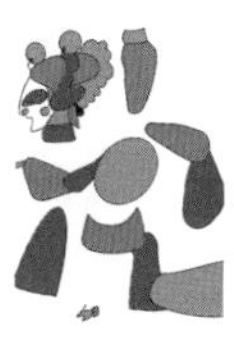

设计方案定稿

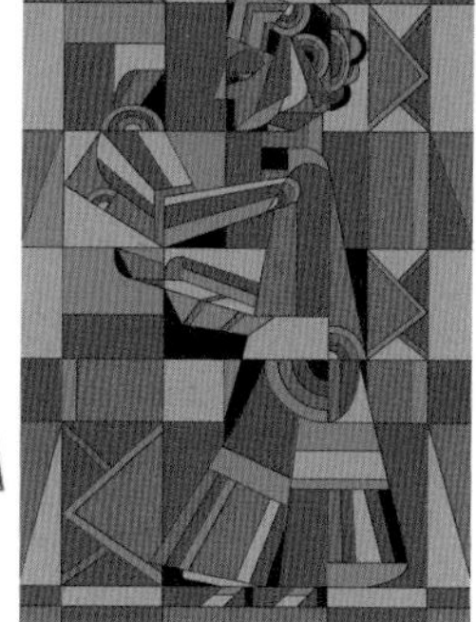

设计方案应用

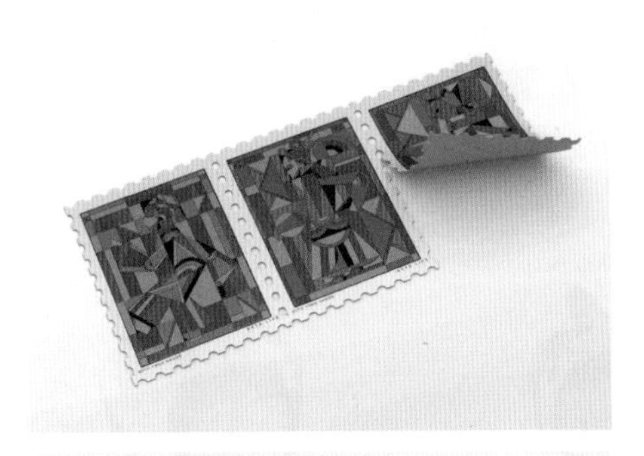
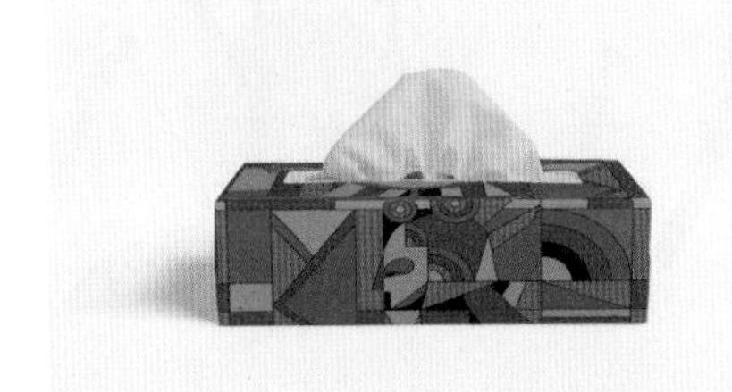

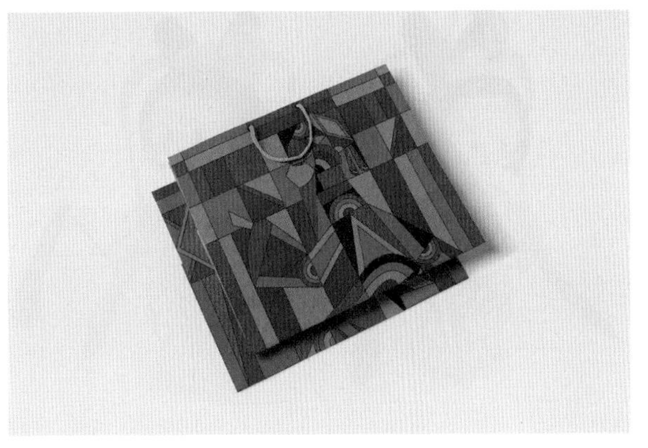

课题名：天之织女　设计者：蒋茹逸

设计阐述

作品取材于黄梅戏《天仙配》的连环画。原插图为工笔绘制，画面精细复杂，采用了典型的传统绘画手法。提取画面人物形态后，设计者尝试了水墨概括、装饰扁平等不同表现手法，最后决定用 C4D 建模的形式进行表现，选定了活泼时尚、深受年轻人喜爱的盲盒造型，使传统形象活化。整组作品将传统主题娱乐化，使人物形态又萌又潮。

素材形象确定

设计方案尝试

方案一

方案二

方案三

设计方案定稿

设计方案应用

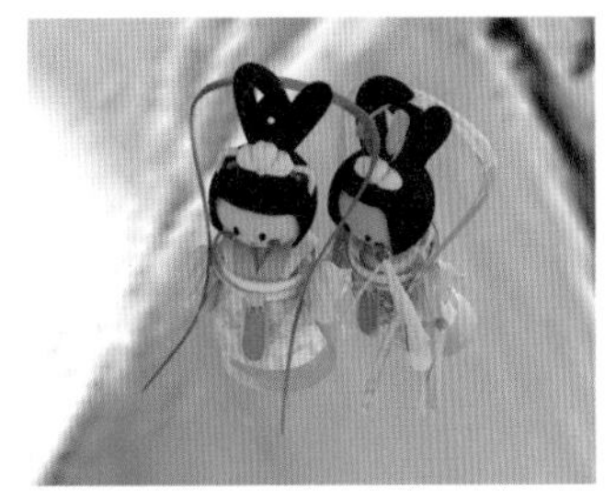

课题名：新簪花仕女图 设计者：丽塔

设计阐述

本设计取材自唐代画家周昉的名画《簪花仕女图》，原作中贵族侍女丰腴华贵的曼妙姿态、花蝶鹤犬之间的生活情态精美绝伦。设计者在表现风格方面，对人物进行了大块面的概括，取代了仅对形的轮廓的勾勒。在人物形象的塑造上，用类似木刻版画的手法，重点在裙服上运用中国传统图案，并运用现代配色方案，使人物形象更符合当代语境。

素材形象确定

设计方案尝试

方案一 方案二 方案三 方案四

设计方案定稿

设计方案应用

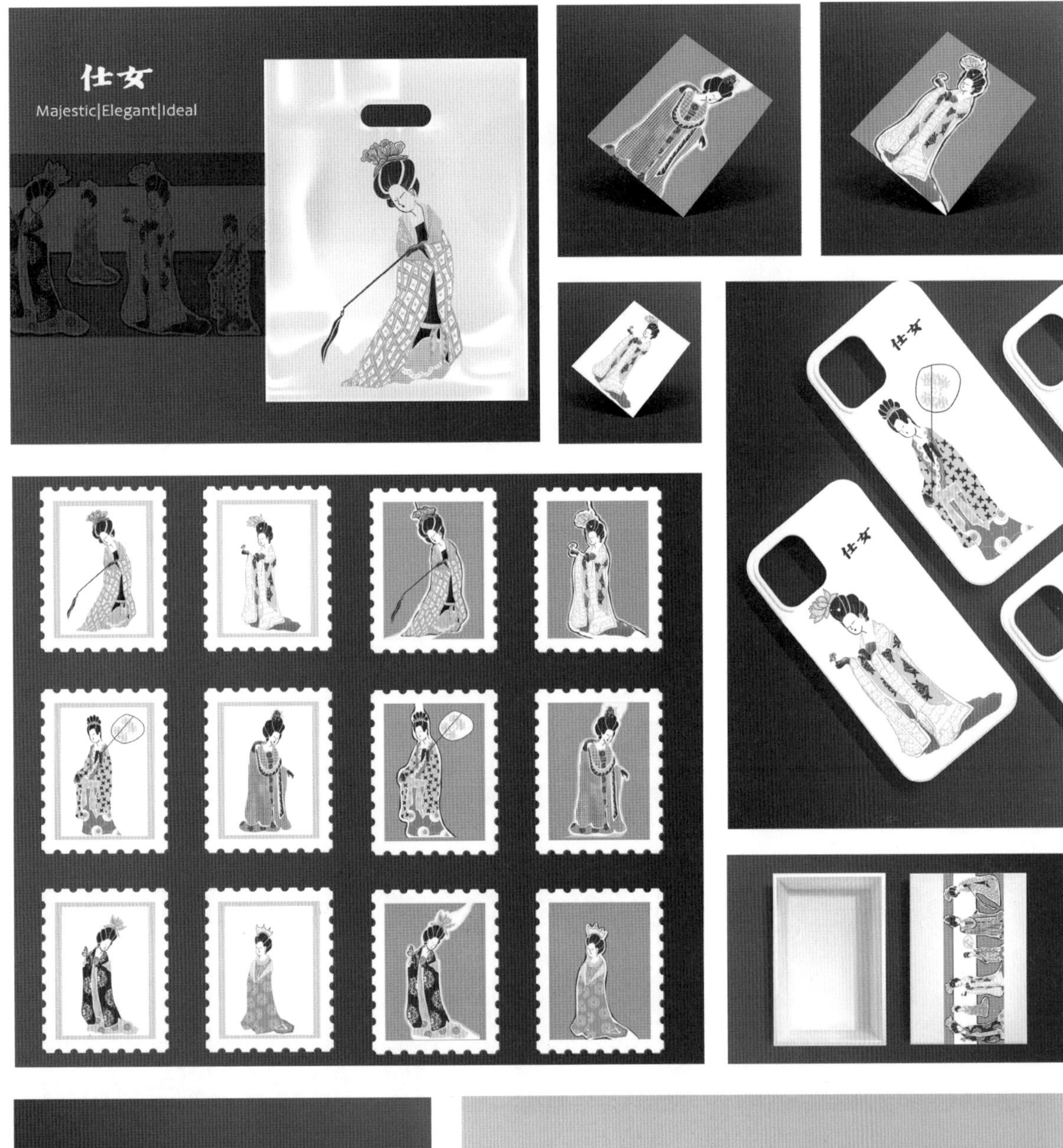

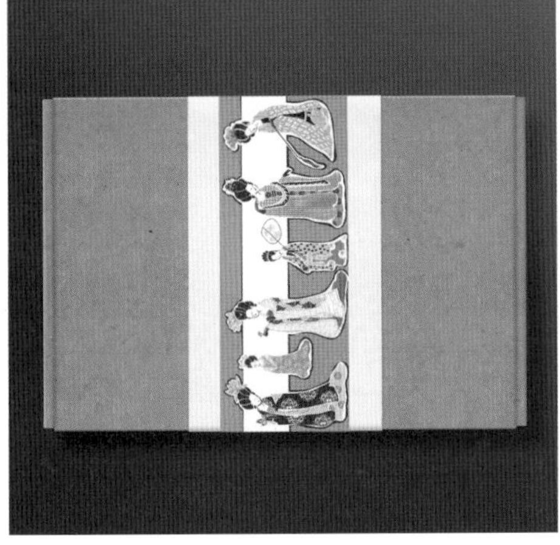

课题名：山河锦时 设计者：孙千惠

设计阐述

这是一组原图与作品输出“大相径庭”的作品。题材选自明清服饰上的“补子”图案。“补子”图案精美奢华，细节繁复，改动颇费脑筋。设计者前期曾尝试皮影风格，采用古典配色，但结果依旧具有浓郁的古味；后来采用了一种和原作有极大反差的风格，就像宫廷艺术和民间艺术的反差，尝试了有趣的涂鸦卡通图形，最终，从精细到粗犷得到了和谐的转化。

素材形象确定

设计方案尝试

方案一

方案二

方案三

设计方案定稿

设计方案应用

create.
graphic designer
I AM Crane
I AM Crane
I AM Crane
I Am Could !
I Am Could !
I Am Could !
brand identity*brand identity

课题名：唐卡画像　设计者：任真

设计阐述

西藏唐卡风格华丽、线条精细、着色浓艳，佛像造型千变万化。本课题选择了这组较有挑战性的素材。初步设计阶段不太顺利，亦步亦趋始终不敢对原图进行大刀阔斧的改造，表现出来的形象仍具有浓重的“画味”。继续研究各种图形风格后，设计者最终采用简洁清晰的几何扁平风格，对原形象的取舍概括取得了较为理想的效果。在边角的细节处理上采用圆端点，以表现佛像的圆润特质。然后从唐卡上撷取提炼色彩，克制地选择了几种颜色，以保证整体色彩的变化和统一。从华美的唐卡到极简的素雅唐卡不失为一种新的尝试。

素材形象确定

设计方案尝试

方案一

方案二

设计方案定稿

设计方案应用

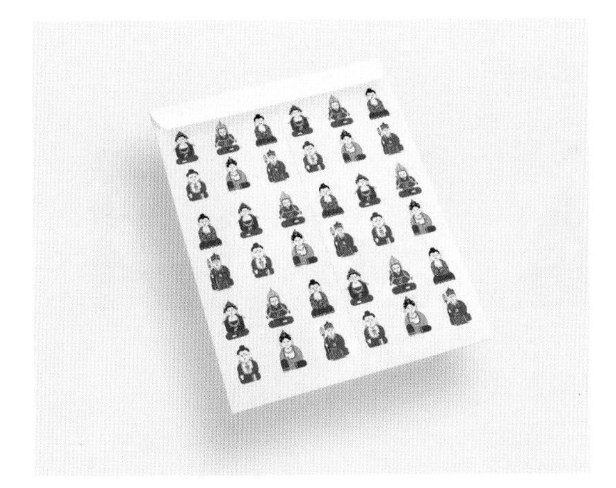

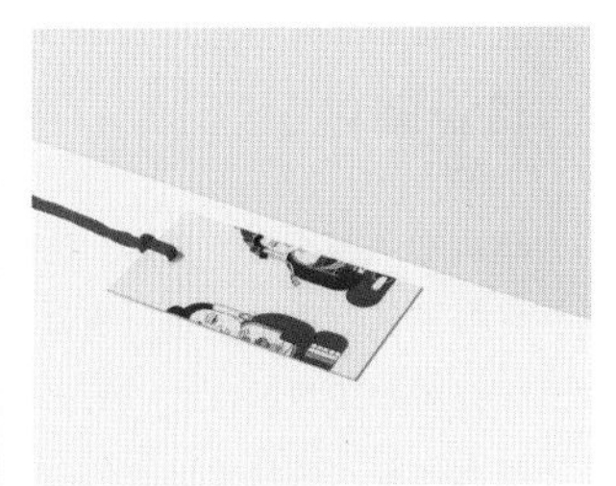

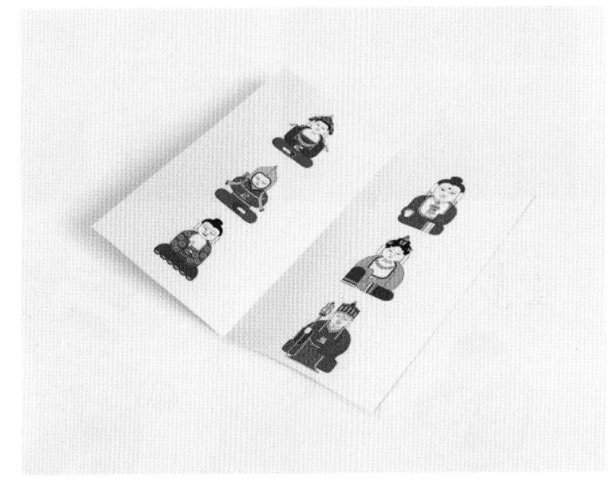

课题名：年画娃娃　设计者：金雨露

设计阐述

年画是中国历史、生活、信仰和风俗的反映，其线条单纯、色彩浓郁、气氛热烈、寓意吉祥，是大众喜闻乐见的样式。本设计保留了年画娃娃的基本体征，去掉了琐碎细节，强化了人物特点，尤其在姿态上更为夸张和生动，赋予其圆润流畅的造型。圆脸、豆豆眼，粗细统一的线条增强了年画娃娃的现代感。色彩沿用了年画的互补、对比色调，并运用吉祥文字作为图形的背景以表现画面喜庆的整体感。

素材形象确定

设计方案尝试

方案一

方案二

方案三

设计方案定稿

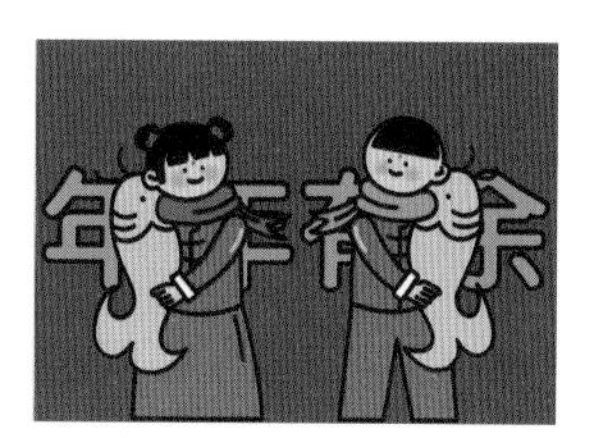

设计方案应用

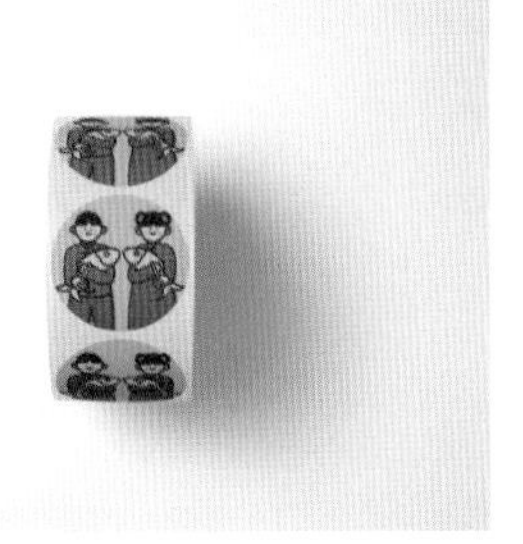

课题名：十二生肖　设计者：欧阳健

设计阐述

简洁优美的剪纸造型是传统图形中的经典。本设计选用了十二生肖剪纸作为表现载体。剪纸的形本身非常简洁，在设计上如何突破是一个挑战。设计者最初尝试用插画风格表现，结合动画“神奇宝贝”，使形象拟人化，后又发现太烦琐。经过四轮方案的练习和尝试后，最终确定运用几何风格。用阴影和颜色变化表现出类似折纸的效果，再通过生肖的阴阳属性，确定色块的冷暖调子。

素材形象确定

设计方案尝试

方案一　方案二　方案三　方案四

设计方案定稿

设计方案应用

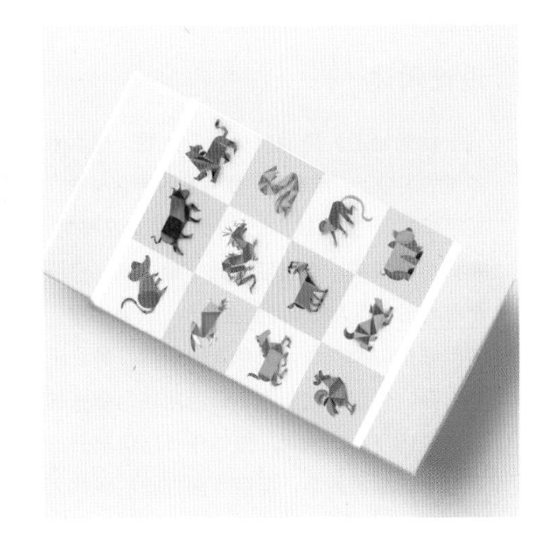

Ru
Roll Up
Add Your design Here
Easy and quick
With Smart Object
In Photoshop
Ru
Roll Up
Add Your design Here
Easy and quick
With Smart Object
In Photoshop
Ru
Roll Up
Add Your design Here
Easy and quick
With Smart Object
In Photoshop

课题名：绝色江山　设计者：许露缘

设计阐述

《千秋绝艳图》是明代长卷侍女图，在六米多长的画幅上，绘制有千姿百态的侍女形象，栩栩如生，千娇百媚。本设计选择了着装鲜明、熟知度比较高、姿态独特的一组人物。仔细观察原图发现人物多为鹅蛋圆脸，长眉细眼，运用线描勾勒衣纹，赋色清雅妍丽。最终设计方案在保留人物典型特征后用略为夸张的语言进行了新的演绎。整体设计上借鉴日本浮世绘的版画效果，运用点面线归纳概括人物造型，色彩取样于中国传统色系，复古浓郁，装饰感强；衣饰上的精致图形和色彩表现了不同美人的性格特质。

素材形象确定

设计方案尝试

方案一　　方案二　　方案三

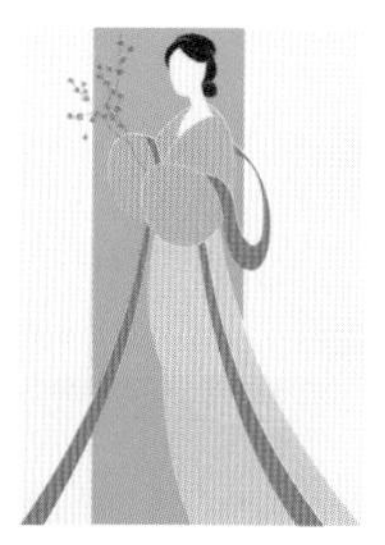
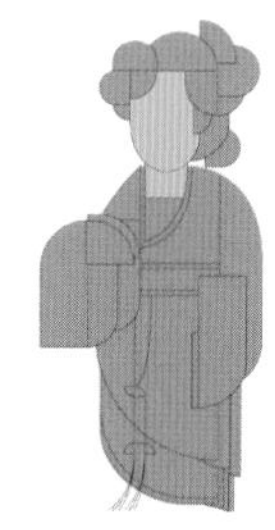

设计方案定稿

设计方案应用

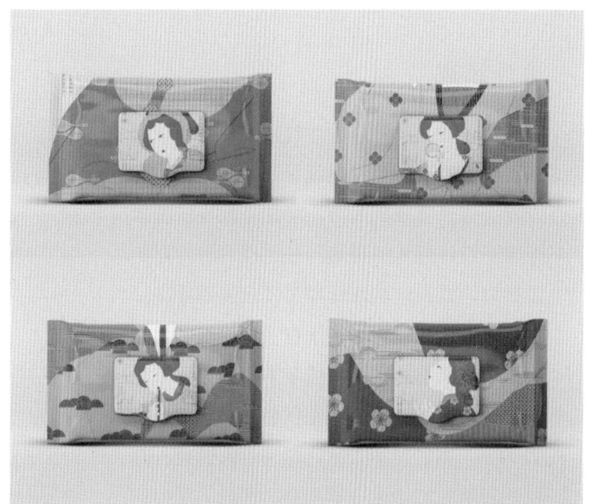

课题名：傩舞　设计者：林宝儿

设计阐述

在进行傩戏人像造型设计时，设计者着重观察傩戏人物造型本身的设计感和张力感。设计要点在于夸张的表情、动作以及传统纹样等这些设计元素的提炼。在经过几种方案的尝试后，本设计最终选择了几何表现手法。在形象动作的设计上，借鉴了马蒂斯的蓝色女人剪纸风格。在面部绘制方面，主要采用圆形进行造型表现。而在配色选择上，借鉴了 riso 印刷的色彩效果，这种色彩鲜艳、跳脱的印刷方式给人一种年轻、现代、活力的感觉，更能衬托出简洁的设计形态。通过这组设计，期望能够让傩戏焕发新的生命力。

素材形象确定

设计方案尝试

方案一

方案二

方案三

设计方案定稿

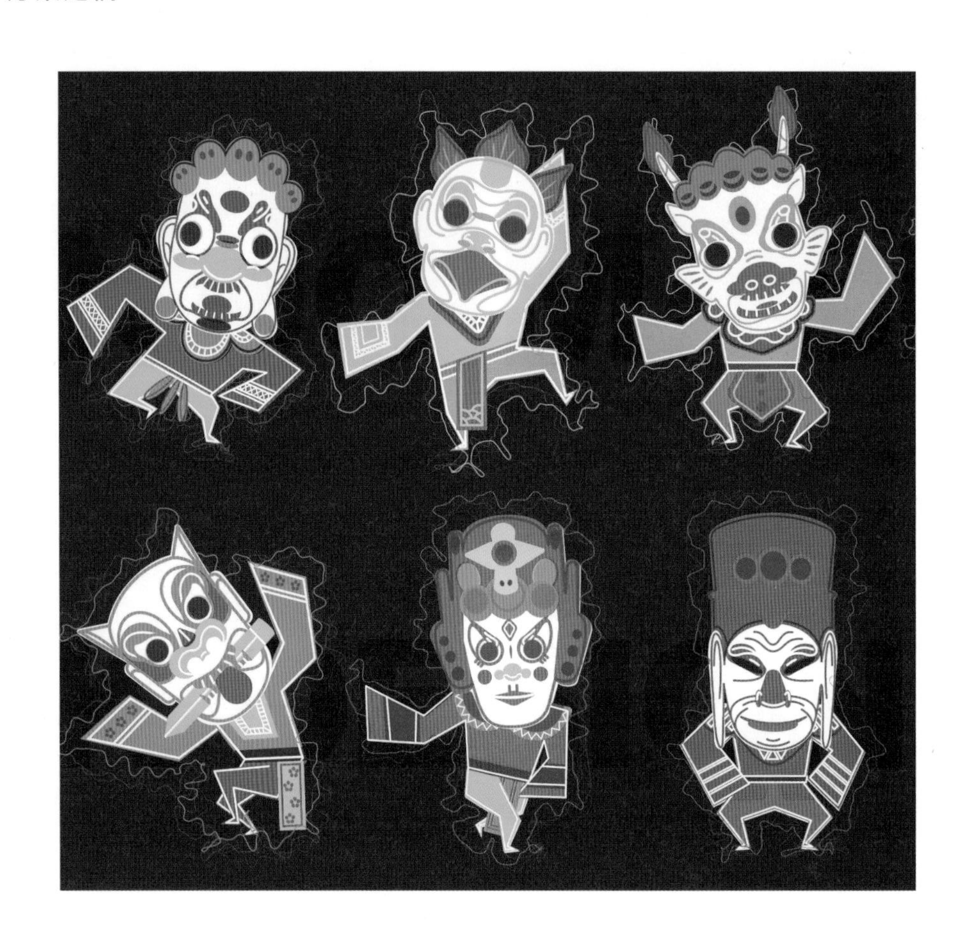

NUO Mask Design
Wearing it can be a god
Taking off a man again.
Please god
Chase ghost
Pray for blessings

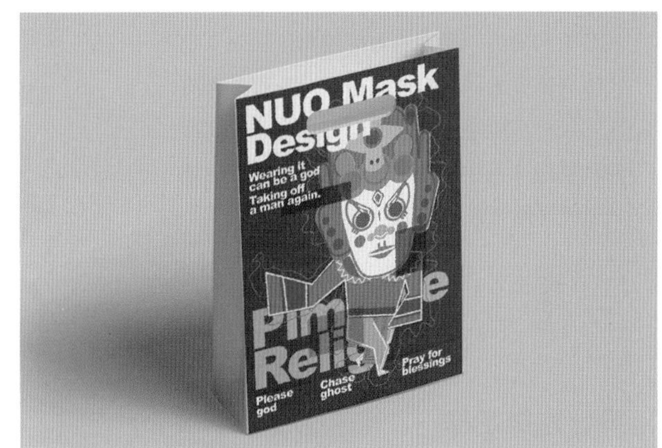
NUO Mask Design
Wearing it can be a god
Taking off a man again.
Pray for blessings
Please god
Chase ghost

NUO Mask Design

NUO Mask Design
Pimitive Religion

NUO Mask Design
NUO Mask Design
NUO Mask Design

课题名：同光名伶　设计者：蒋滢

设计阐述

课题通过对《同光十三绝》中戏曲角色的重新构思，试图在视觉上打破传统的束缚，使其更符合当代观众的审美喜好。在设计过程中，注重保持原始人物造型的独特性，同时运用几何图形的抽象表达，使得人物形象更富有现代感。这种设计手法不仅在形态上注入了新的活力，同时也为传统文化注入了现代时尚的元素。课题希望通过对系列形象的活化设计，能够以现代的设计语言重新演绎清代绘画作品中的戏曲角色，为传统文化注入新的时代气息，使其更具吸引力和艺术感。

素材形象确定

设计方案尝试

方案一

方案二

方案三

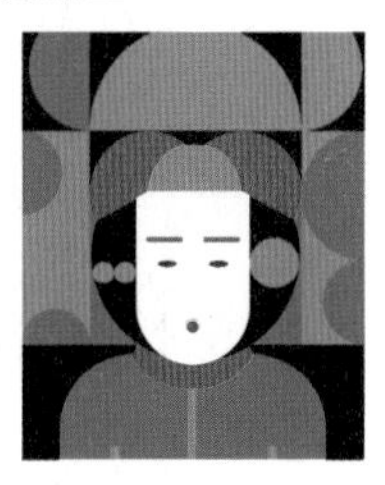

设计方案定稿

设计方案应用

课题名：千古傩面 设计者：廖子涵

设计阐述

本课题聚焦于中国传统戏剧傩戏所衍生出的面具艺术，致力于将千古流传的傩戏面具与现代设计语言相结合，并保持其原有特征；希望通过对面具的解构和几何图案的重塑，使这些充满古韵的面具焕发出新的艺术光彩。在设计表达上，采用了进一步的抽象手法，将面具形象进行解构并融入网格结构。通过使用不同的装饰图形进行替换，创造出画面丰富、色彩明快的效果。这种设计方法旨在突显传统面具的独特之处，并以现代的艺术语境重新诠释，使其在现代设计中展现出新的生命力和魅力。

素材形象确定

设计方案尝试

方案一 方案二 方案三 方案四

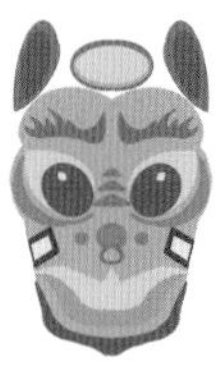

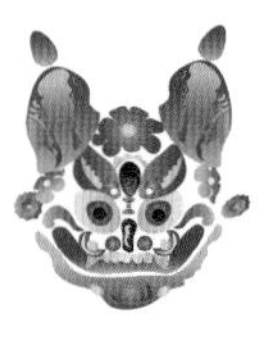

设计方案定稿

设计方案应用

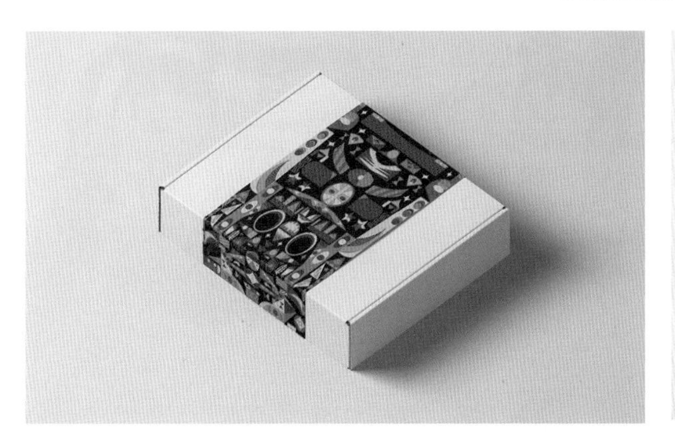

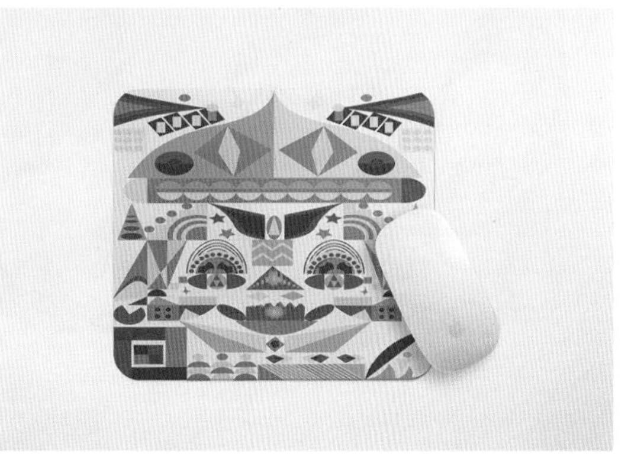

课题名：飞天伎乐　设计者：王文清

设计阐述

本课题聚焦于敦煌壁画，设计了一组以飞天伎乐为主题的系列形象。在设计表现方面，采用了卡通化的风格，将传统元素与现代设计风格相融合，使主题形象更加鲜明简洁。在配色上，选用了明度与饱和度较高的颜色组合，以提高作品的“鲜色”效果。在人物表现方面，强化了舞动的人物姿态，突显了飞天伎乐造型美的特点。这种设计手法旨在为传统主题注入现代元素，使作品既具有传统文化的底蕴，又展现出时尚、生动的艺术感。

素材形象确定

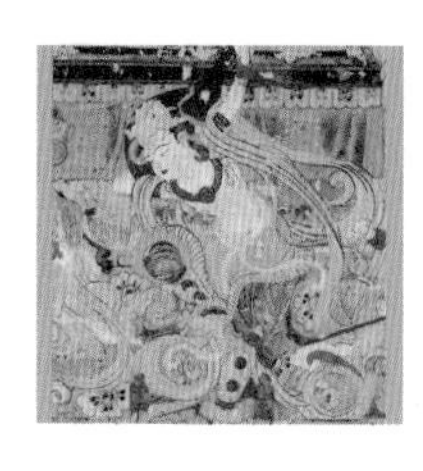
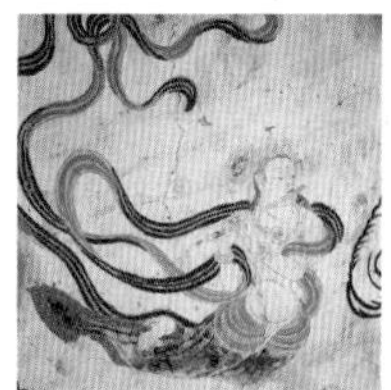

设计方案尝试

方案一

方案二

方案三

设计方案定稿

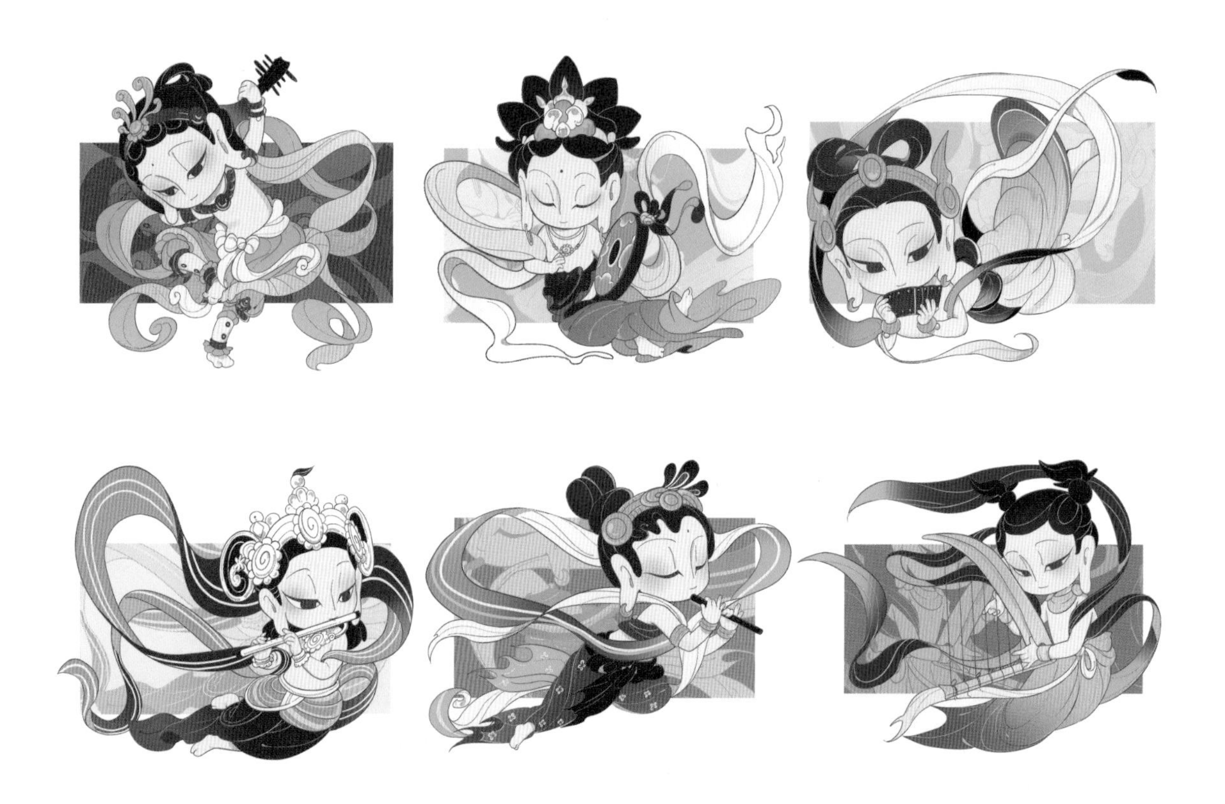

设计方案应用

课题名：牡丹亭　设计者：刘雨萌

设计阐述

白先勇曾说，中国传统文化就是他的故乡，他倾尽余生只为昆曲。他在晚年打造的昆曲精品青春版《牡丹亭》，以更靓丽的形式将传世经典呈现在世人面前。而打造青春版《牡丹亭》就是为了吸引年轻群体，只有获得年轻人的青睐，文化传承才有希望和可能。本课题主要通过对《牡丹亭》IP人物形象的塑造，挖掘传统文化的艺术价值，结合现代化的活化手法，以可爱的盲盒形象唤起当代年轻人对昆曲的关注。

素材形象确定

设计方案尝试

设计方案定稿

杜丽娘

柳梦梅

杜宝

春香

石道姑

陈最良

游园

入梦

惊梦

入画

冥判

拾画

回魂

圆梦

设计方案应用

04

图形想象与创作

Graphic Imagination and Creation

第一节 想象的诗意

一、想象艺术

歌德说："每一种艺术的最高任务即在于通过幻觉，产生一个更高、更真实的假象。"这一名言揭示了艺术的深层次使命，即通过想象创造一个更加高维、更为真实的虚构世界。在艺术中，所谓的"假"正是想象力发挥魔力的地方。人类的艺术审美活动通过艺术媒介的引导，产生了一个富于想象的幻境世界。黑格尔同样认为，最出色的艺术在于想象力的高度运用。想象力被认为是诗意活动和创意相结合的源泉。

想象使我们得以超越时空，以精神的眼光观察和解读事物。超现实主义艺术家勒内·马格利特通过想象，将生活中平凡的物品如苹果、云朵、鸟笼、窗户、圆顶呢帽等转变为令人惊异的意象，呈现出诗意梦幻的氛围。例如，在作品《心弦》中，普通的玻璃杯和悬浮的云朵虽然平凡，但它们的"邂逅"展现出令人动容的场景。

想象力赋予人类无限的思维空间。海明威提到的"冰山原则"用来比喻人们只能看到露出海面的冰山的八分之一，而隐藏在水下的八分之七则激发了广阔的想象空间。所有艺术设计创作都依赖于想象力，因为想象力是人类最为持久的精神活动之一，为艺术注入了深刻的内涵。

图 4-1

图 4-2

图 4-3

图 4-4

图 4-1：
拼贴想象 | 插图 | 泰晤士·哈德逊 | 法国
图 4-2：
混合媒体 | 海报 | 西摩·切瓦斯特 | 美国
图 4-3：
Making faces| 图形 | 艾伦·弗莱彻 | 英国
图 4-4：
心弦 | 艺术作品 | 勒内·马格利特 | 比利时

二、诗意图形

图形的想象创作就像诗的表达，需要隐喻、象征，托物言志，化抽象的说理为形象的喻理。就如同在语言中强化语言符号本身，使之成为一种具有强烈唤起能力的媒介物，诱导观者去体验隐藏在符号背后的丰富世界。通过这样的方式，图形创作能够唤起观者对事物最大限度的想象体验。

图 4-5

写文章时我们经常运用修辞手法，而在日常生活和工作中，我们同样会运用“修辞”。无论是口头表达还是书面写作，言辞的选择都有其独到之处。“话有三说，巧说为妙”，这里的“巧说”可以理解为修辞，即语言的表达技巧。善用修辞是语言艺术化的奥秘之一。如，修辞中的比拟手法，通过想象将自然物描绘成人的形象，赋予它人的特征；或者将人物比作物体，将情感融入其中。例如，伊朗著名导演、诗人阿巴斯的诗句：“无花果树叶 / 轻轻落下 / 停在 / 自己的影子上”；“春风不识字 / 却翻作业本”；“蝴蝶在铁轨上酣睡”等。这些简短而精致的诗句展现了令人动容的拟人化场景，充满独特的意味。《玉楼春》中的名句“红杏枝头春意闹”，通过将“红杏枝头”的视觉形象与“春意闹”的听觉感受融合，创造出拟人的形象。“草叶上挂着露珠”，听起来可能平淡无奇，但若改为“草儿扶白露同眠”，就会呈现出截然不同的奇妙意境。文学语言与图形语言中的“语言修辞”有异曲同工之妙。通过比喻、拟人等手法，可产生令人耳目一新的创意语言，唤起对某种意境的美感想象。

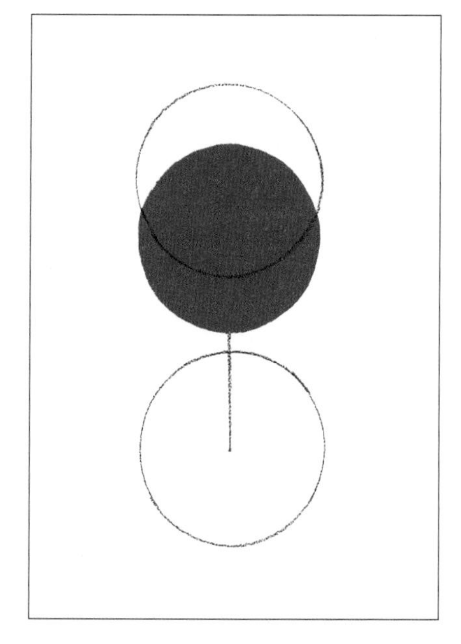

图 4-6

1. 比喻

比喻的含义是，在描绘事物或表达意义时，通过形式或意义上的相似之处将事物联系起来，以一物比喻另一物，从而揭示其中的意义。它也可以被理解为使用本质上不同但具有相似点的另一事物来说明或描绘某事物，通过在视觉上找到两者之间的相似之处来将它们联系起来。在图形设计中，则是将“本体”和“喻体”的不同形态和性质结合在一起，产生新的寓意。

图 4-5：
赛船比赛 | 海报 | 皮尔·门德尔 | 德国
图 4-6：
酒杯 | 图形 | 艾伦·弗莱彻 | 英国
图 4-7：
和平 | 海报 | 雷克斯 | 波兰
图 4-8：
俄耳甫斯和欧律狄克 | 海报 | 冈特·兰堡 | 德国
图 4-9：
生命拯救者 | 海报 | 雷又西 | 以色列

图 4-9

图 4-7

波兰设计师雷克斯创作的和平主题海报将“和平总是姗姗来迟”通过比喻的手法呈现出来。在这个设计中，本体是和平，喻体是爬行缓慢的蜗牛。将和平鸽的翅膀替换为蜗牛壳，形象地传达了对和平的渴望。冈特·兰堡设计的戏剧海报《俄耳甫斯和欧律狄克》精妙地运用了比喻的手法，准确捕捉到了戏剧的深层内涵。戏剧讲述了俄耳甫斯和欧律狄克为了能够在一起而经历了层层劫难、命途多舛的故事，而冈特·兰堡将这一故事比喻为曲曲折折、不知出口的迷宫。这一巧妙的创意手法令人印象深刻，难以忘怀。以色列设计师雷又西（Yossi Lemel）创作了一幅关于艾滋病主题的海报《生命拯救者》，将安全套比喻为救生圈。在这个比喻中，安全套作为本体，救生圈则是喻体，强调了保护、安全和救命的概念。这一比喻直截了当地揭示了主题的核心意义。

图 4-8

2. 比拟

比拟是一种修辞手法，指根据想象将自然物描绘成人，或将人物描绘成物体，以及将一物比作另一物等。拟人的艺术手法能够使自然物人格化，通过形象化的处理，赋予它人的特征和活力。在艺术领域，江户时期的日本有一种绘画形式叫拟人画，其中浮世绘画家一勇斋国芳的《锦灯笼》系列就是典型代表。在这一系列作品中，锦灯笼代表夏季的植物，通常是女孩的玩具，而一勇斋国芳将其形象化为具有人的姿态，使其在画面中自由自在地行动，诙谐而生动。他还经常将人拟物化，用人的身体表现动植物等。在他的作品《滑稽十二生肖身形》中，演员的身形被用来表现十二生肖中的各种动物特征和姿态。画中动物的脸部采用演员的面容，道具则是日常生活中的物品，使画面既充满想象力，又富有趣味和幽默感。

图 4-10:
滑稽十二生肖身形 | 艺术作品 | 一勇斋国芳 | 日本
图 4-11:
锦灯笼 | 艺术作品 | 一勇斋国芳 | 日本
图 4-12:
金融时报 | 海报 | Abram Games | 英国
图 4-13:
水 | 海报 | 秋山孝 | 日本
图 4-14:
鸟·监护者 | 海报 | 秋山孝 | 日本
图 4-15:
爱 | 海报 | 秋山孝 | 日本

图 4-10

图 4-11

图 4-12

图 4-13

在 20 世纪 50 年代，设计师 Abram Games 为英国《金融时报》设计海报，他采用了拟人化的手法，赋予报纸以人的形象。这个“报纸”角色主体由一份加长版的粉色报纸和延伸出的腿构成，手中拿着一个红色文件包和一把卷好的黑色雨伞，以大步快速的姿态走在路上。设计师通过这一形象生动地勾勒了一个栩栩如生的城市商人，同时传达了“认真做生意的人每天都看《金融时报》”的广告信息。另一位日本设计师秋山孝在创作的大量公益海报中也运用了拟人的手法。在海报《鸟·监护者》中，一个大烟囱释放着有害气体，破坏着人类的生存环境。秋山孝通过拟人化的手法，为鸟（象征着生命体）戴上了人类的防毒面罩，以此表达出环境危机的信息。这样的设计不仅生动形象地呈现了问题，也引发观者对环境问题的深思。

图 4-14

图 4-15

3. 借代

借代是一种巧妙地利用客观事物相关性的修辞手法，通过局部替代整体，生动形象地表达一个主题。在这种表达中，不是直接提及要表达的人或事物，而是通过“借”与其密切关系的其他事物来“代”。

举例来说，海报《侵犯女性权利》采用了借代手法，通过以一只坚挺有力的手替换女性的面部，来表达女性要坚决捍卫自己的权益，保障个体利益的主题。另一例是雷克斯设计的海报《绿色和平》(*Greenpeace*)。该海报将反战标志与自行车轮相结合，实质上是借用自行车的形象来表达对和平、安静生活的追求，强调反对战争的含义。这种借代手法不仅增强了视觉冲击力，还通过富有象征性的图形语言传达了深刻的主题信息。

图 4-16

图 4-17

图 4-18

图 4-16：
拯救饥饿儿童 | 海报 | 佐藤 | 日本
图 4-17：
侵犯女性权利 | 海报 | 设计者不详
图 4-18：
绿色和平 | 海报 | 雷克斯 | 波兰
图 4-19：
奥赛罗 | 海报 | 冈特·兰堡 | 德国
图 4-20：
广岛呼吁 | 海报 | 龟仓雄策 | 日本
图 4-21：
汽车设计过程 | 海报 | 皮尔·门德尔 | 德国

图 4-19

4．象征

象征是一种通过某种物体或符号来代表、体现、表示某种事物的概念的手法。在这种手法中，象征通过有关的物象来简洁地表示复杂的事物。其特点在于局部代表整体，个别代表一般，形象代表概念。象征图形则是对某一概念象征化的图形，旨在以简洁的形态在短时间内传达内容，以达到精神性或情感性的效果。换言之，象征将形象转化为一种标志，便于快速识别。

人类在漫长的历史中创作出许多象征图形，这些图形借助有关的物象来表达特定的含义。原始图腾是其中的一个例子，许多民族崇拜特定的动物或植物，并将其描绘成具有强大精神力量的象征。如，中国的龙、老挝的亚洲象、缅甸的亚洲狮、印度尼西亚的金翅鸟等都展现了各自的民族特色。在中国的民间艺术中，人们巧妙地将文字与图案结合，创作出各种富有吉祥寓意的形象，如喜得连科、金玉满堂、三阳开泰等。这些充满韵味的造型语言，传达了人们追求美好的寓意。

图 4-20

象征图形作为一种符号活动和符号思维，具有历史、审美、宗教、生理和心理等多方面的内涵，透露出丰富的语义。象征这一修辞手法使得图形充满了特殊的含义，通过隐喻或暗示引发人们的联想。

在德国视觉艺术大师冈特·兰堡为莎士比亚戏剧《奥赛罗》设计的海报中，眼睛用几何形表示在黑色背景上，目光微微向左，表现出一种恐惧或疑虑，而垂直向下的红线则暗示着流淌的血液，营造出令人不安的气氛。这个海报以简练的象征语言生动地表达了剧中的嫉妒、背叛和谋杀，深刻传达了这部戏剧的悲剧性根源。

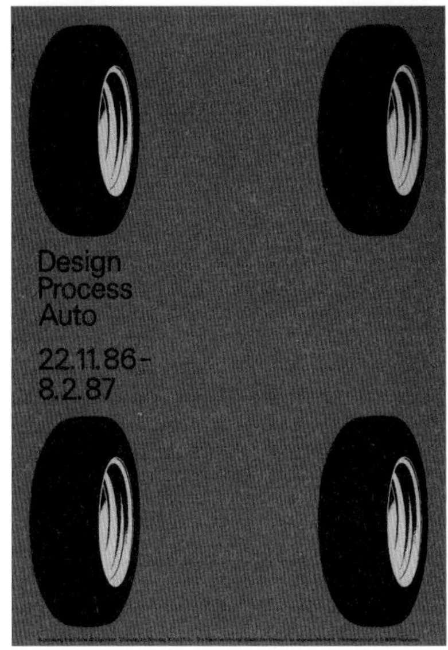

图 4-21

日本设计师龟仓雄策设计的海报《广岛呼吁》，使用燃烧的蝴蝶向下坠落的图像，象征生命的陨落。海报通过大胆的视觉呈现，深刻反思了战争带来的残酷和摧毁性后果，以象征语言揭示了原子弹给人类带来的痛苦。

5．幽默

幽默是一种特殊的喜剧元素，存在于生活和艺术中，同时也指表达或再现生活和艺术中的喜剧元素方面的能力。幽默不仅体现为风趣或戏谑，还包括对世事的洞察和一种达观的态度。它以一种将生活中的“悲”转化为“喜”的形式呈现，将沉重的事物化解为轻松的状态。我们之所以喜欢听相声，正是因为相声创造了一种妙趣无穷的幽默语境，运用机智、风趣、凝练的语言揭示社会或生活中不合理、矛盾或有趣的现象。

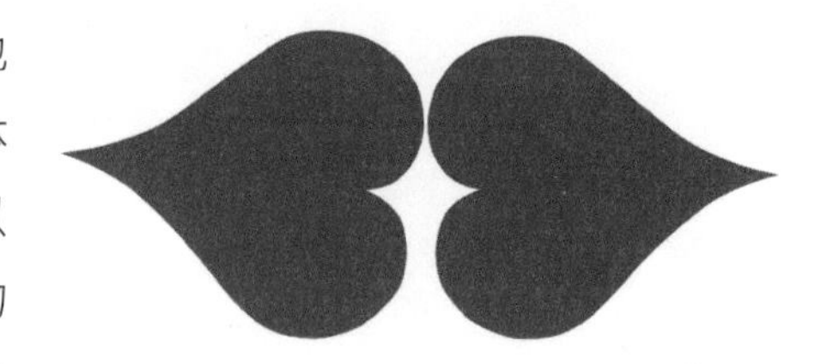

图 4-22

幽默本身是一种智慧，其不仅是表面的搞笑，还在背后蕴含着深刻含义，在给人带来娱乐性的同时也能提供精神上的启示。正如英国作家托马斯·卡莱尔所说：“与其说是源于大脑，不如说是发自内心；幽默的本质是爱，而非蔑视。它不是那种开怀大笑，而是深藏于心的静静微笑。”

人们之所以喜欢幽默设计，根本原因在于其独特的美学特征和审美价值。幽默设计通过运用奇妙的想象力，打破常规的预期，出人意料地创造一种充满情趣且引人深思的语境，实现特殊的视觉效果。幽默设计通常运用各种不合理、荒诞、戏谑、讽刺和夸张的手法，展现深刻的内容，通过睿智的方式来理解主题意义，这是一种富有情感魔力的技巧。

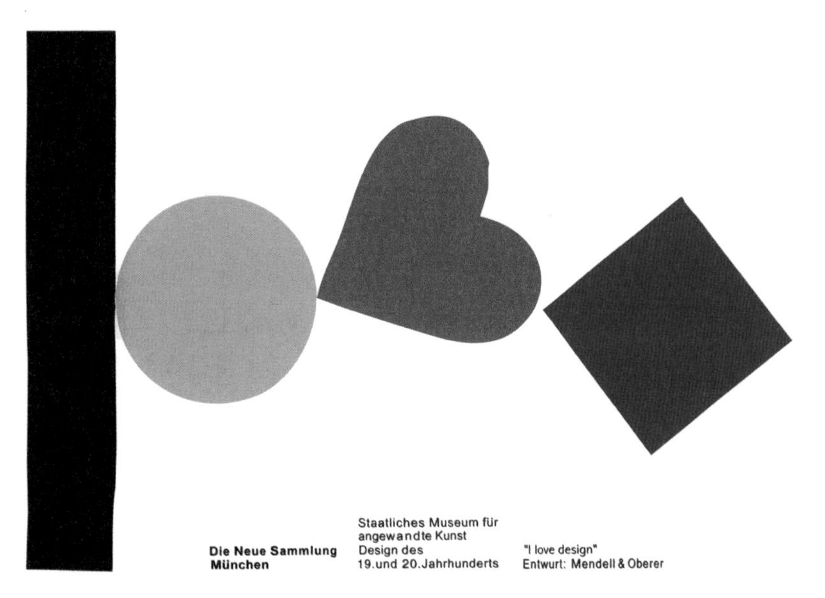

图 4-23

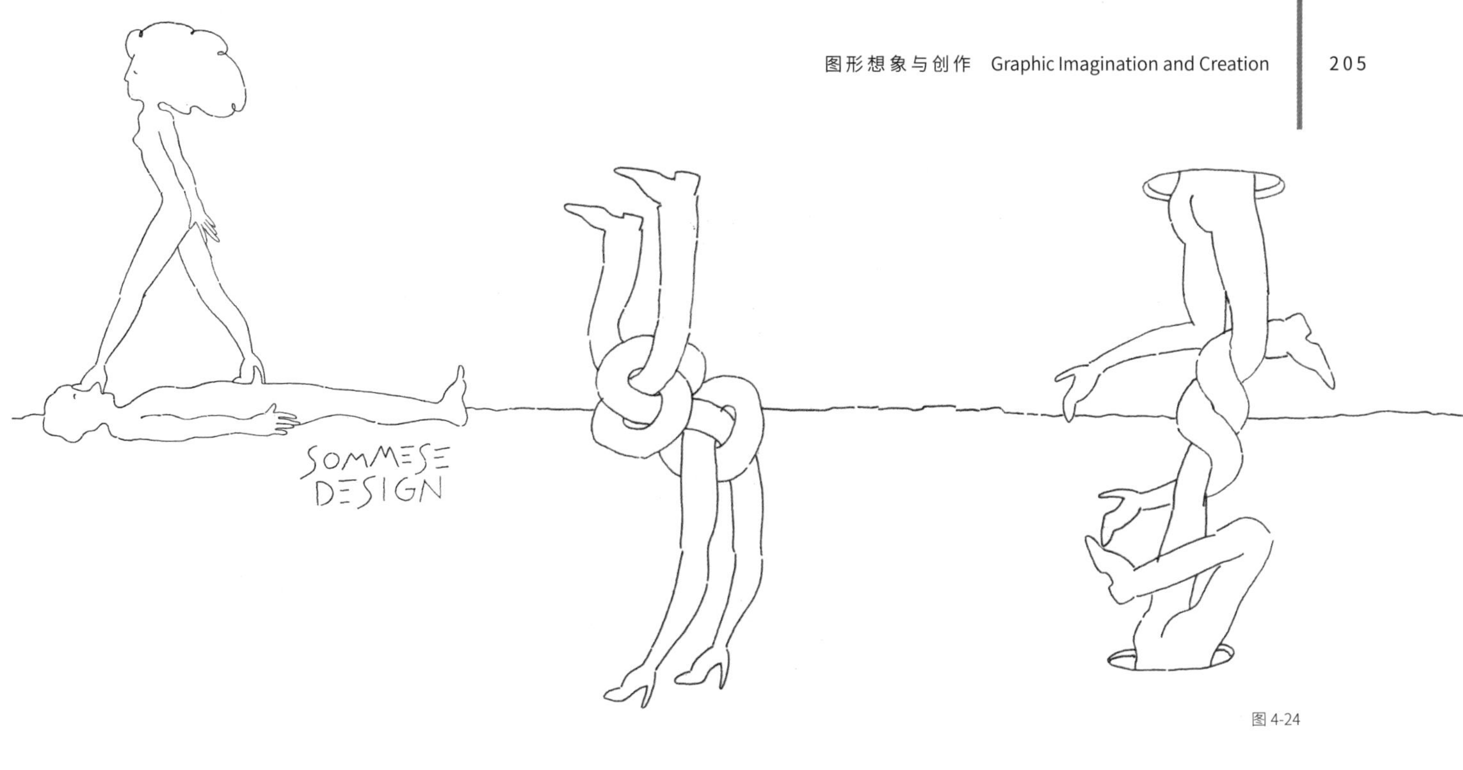

图 4-24

由日本设计师佐藤创作的图形作品《海景》以极具幽默感的语言讽刺了人类对环境的污染。设计师故意采用放大的视角，突显女性手中的香烟，以轻松自在的姿态，呈现出人类对自身随意制造垃圾所带来的污秽毫不自知的情景，犹如每天对待自身排泄一般自然。图形设计的巧妙之处在于，排泄物的形状看似是一棵树，实则在暗示人类对自然环境的破坏，寓意深远，引人深思。另一幅由佐藤创作的海报《纪念劳特雷克 100 周年》，将劳特雷克与日本浮世绘传奇画家东洲斋写乐相结合，幽默地传达出他的作品一方面深受东方艺术的启发，另一方面也隐喻了劳特雷克卓越的艺术造诣，犹如东洲斋写乐创造的艺术传奇。画面中出现的跳肯肯舞姿态的女郎是劳特雷克海报中的经典形象，巧妙地传达了劳特雷克在海报创作方面的杰出成就。

图 4-22:
婚礼请柬 | 图形 | 皮尔·门德尔 | 德国
图 4-23:
我爱设计 | 海报 | 皮尔·门德尔 | 德国
图 4-24:
索曼斯设计事务所 | 海报 | 兰尼·索曼斯 | 美国
图 4-25:
海景 | 海报 | 佐藤 | 日本
图 4-26:
纪念劳特雷克 100 周年 | 海报 | 佐藤 | 日本

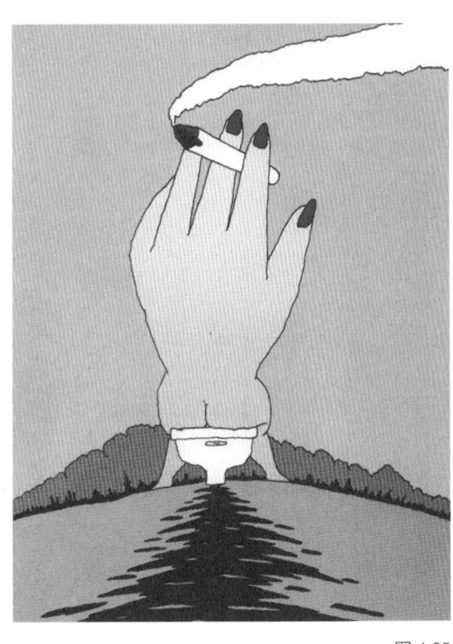

图 4-25

图 4-26

第二节 联想的意趣

图 4-27

智者苏格拉底曾言："你从未发明过什么，你只是重新发觉了一些过去被你忽略的东西。"创意或许仅是旧元素的新组合，通过观察事物之间的关联来展开想象，在看似平凡的素材中唤醒沉睡的心灵。在日常生活中，我们常常通过联想，从一个事物引发对其他事物的深情联想。例如，看天空中的白云，可以幻化出各种神奇的形态；观察墙壁上的污渍，可想到英勇作战的斗争场面；看纸上的墨迹，会想到层峦叠嶂的水墨山水。这种从一个事物引发对另一事物的思考的过程即为联想。

联想有能力将性质不同、相距甚远、差别极大的事物通过形状或概念的相似性联系在一起，创造出新的关系和新的意象。有时候，将相异甚至相反的元素组合在一起，错位、混搭，能创造出颠覆常规的视觉形象。联想可分为相似性联想和概念性联想两种。相似性联想依据事物的形状、形式、结构等外在因素进行，从而将相异的事物因其形的相似性联系在一起。概念性联想则通过事物之间的共同意义，将表面上不相关的事物联系在一起。这种思维方式不仅局限于抽象思考，还可以延伸到感知，如颜色、温度等。

图 4-28

图 4-27：
双子星座 | 图形 | 艾伦·弗莱彻 | 英国
图 4-28：
瓶子 | 艺术作品 | 勒内·马格利特 | 比利时
图 4-29：
拼贴想象 | 图形 | 西摩·切瓦斯特 | 美国

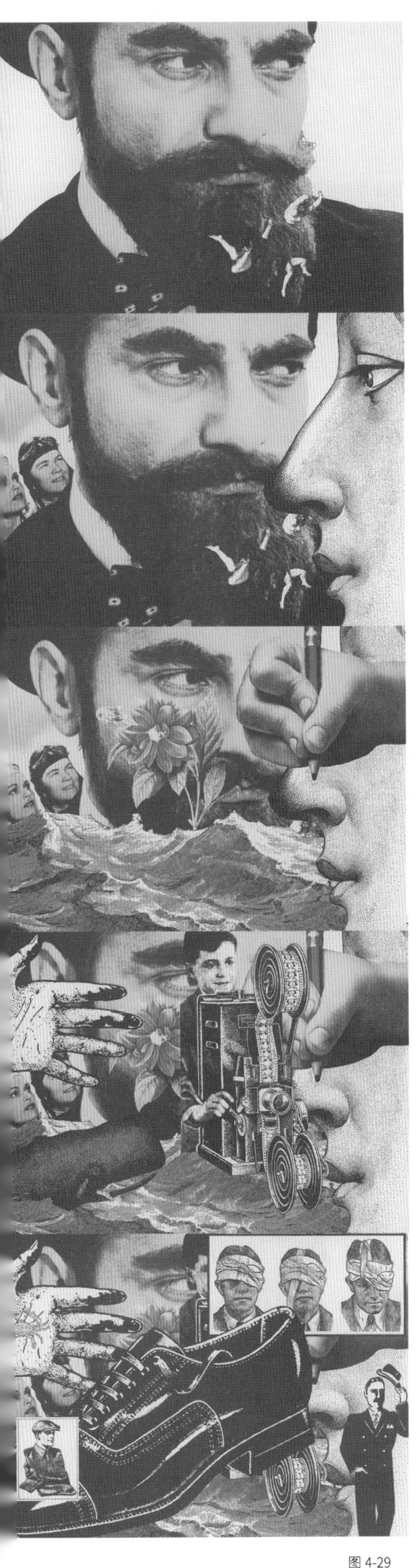
图 4-29

联想思维是一种将已知知识与某一思维对象联系起来，从相关中得到启示，从而培养创造性想象的方式。例如，日本建筑设计师伊东丰雄在上海的建筑展览《曲水流思》，就通过对中国“曲水流觞”的联想，创作出了变化丰富的作品。这个过程就像不断从河流中攫取思想之水，最终创作出充满流变的作品。

艺术作品中常常体现着联想的功劳。德国插画师克里斯托弗·尼曼通过对周围事物的观察保持创作热情，他的作品机智幽默、生动有趣，启发人们用新的观点看待生活。他认为真正宝贵的新想法来自过程，即用熟悉的思维理解陌生的事物。克里斯托弗·尼曼的创作表明了日常事物往往具有深刻的象征意义，只要发挥积极的创意思维，就能从最平凡的事物中挖掘出全新的视觉语意，诠释出新的内涵。

联想有助于重新认知约定俗成的形象，通过设计找到更新颖有趣的创意表达。对于创造性联想，“迁想妙得”一词将其形容得淋漓尽致，运用移花接木的方式，使形与形、意与意之间产生新的关系和新的意象，宛如阿波罗式理性与狄奥尼索斯式感性的奇迹般的邂逅。

课题训练　生活速写

联想思维的培养就是在熟悉的事物中创造出陌生而惊艳的效果。通过对事物进行创意联想，我们可以将其从原有的审视框架中解放出来，就如同欣赏万花筒时所感受到的魔幻炫彩效果。万花筒内部只是一些小碎片，本身并没有什么特别之处，但经过镜片的折射后，却能产生出令人惊艳的美丽图形，仿佛是一场魔法的变幻。创意联想的魅力正在于这种变戏法般的过程，一旦思维转变，原本寻常的想法就能呈现出不可思议的美妙“奇迹”。当我们勇敢地突破既定思维的边界，尝试将不同的元素结合在一起时，就像是在进行一场思维的冒险之旅。这种冒险让我们走出舒适区，发现新的可能性和视角，为创造奇迹打开了一扇大门。

联想思维训练的目标是打破固有的认知模式，挑战常规的观念，让思维变得更加灵活而富有创造性；通过对事物进行非常规的组合和连接，在看似普通的元素中发现新的联系和意义。

训练目的：

课题的训练目的是引导学生以细致入微的方式审视日常生活中的琐碎事物，能够超越表面现象，发现事物蕴含的独特之处。通过将易被忽视的日常事物纳入创意图形的构思过程，学生将有机会拓展自己的审美观和创意思维，培养从不同角度看待世界的能力。

这个课题不仅能培养创意表达的技能，还能培养学生在寻常事物中发现美的灵感和鉴赏力。通过挖掘日常生活中那些容易被忽视的元素，学生将能够构建出独特而富有深度的图形创意，为设计过程注入新鲜的灵感。因此，课题的设计旨在唤醒学生对日常事物的敏感，使其能够以更具创造性和独特性的方式表达自己的想法。

训练要求：

根据生活中随手拍下的一些物品展开联想，从平凡的日常场景中触发自己的表现欲，发现意想不到的创作灵感。在这个过程中，不要刻意去寻找或选择特定的对象，而是以一种更随机、更自由的方式来捕捉那些能引发兴趣和想象力的元素。

在展开联想的过程中，不仅要触发创作欲望，还可以尝试颠覆物品原本承载的意义。通过给予它们新的解释和意义，使自己能够打破固有的观念，呈现出不同寻常的特质。总体而言，这种自然而随机的联想创作方式不仅有助于开发创造性思维，还能够让学习者更加敏锐地观察和理解日常生活中的细微之处。以不同寻常的方式表达那些平凡的事物，能够探索新的艺术可能性，为创作过程注入更多的活力。

数量：10 张

色彩：不限

尺寸：21cmX21cm

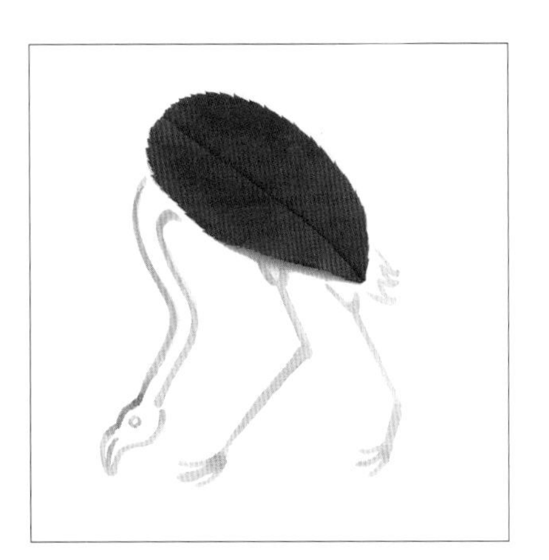

clip
ZĒRO

Yoho!

TOYO

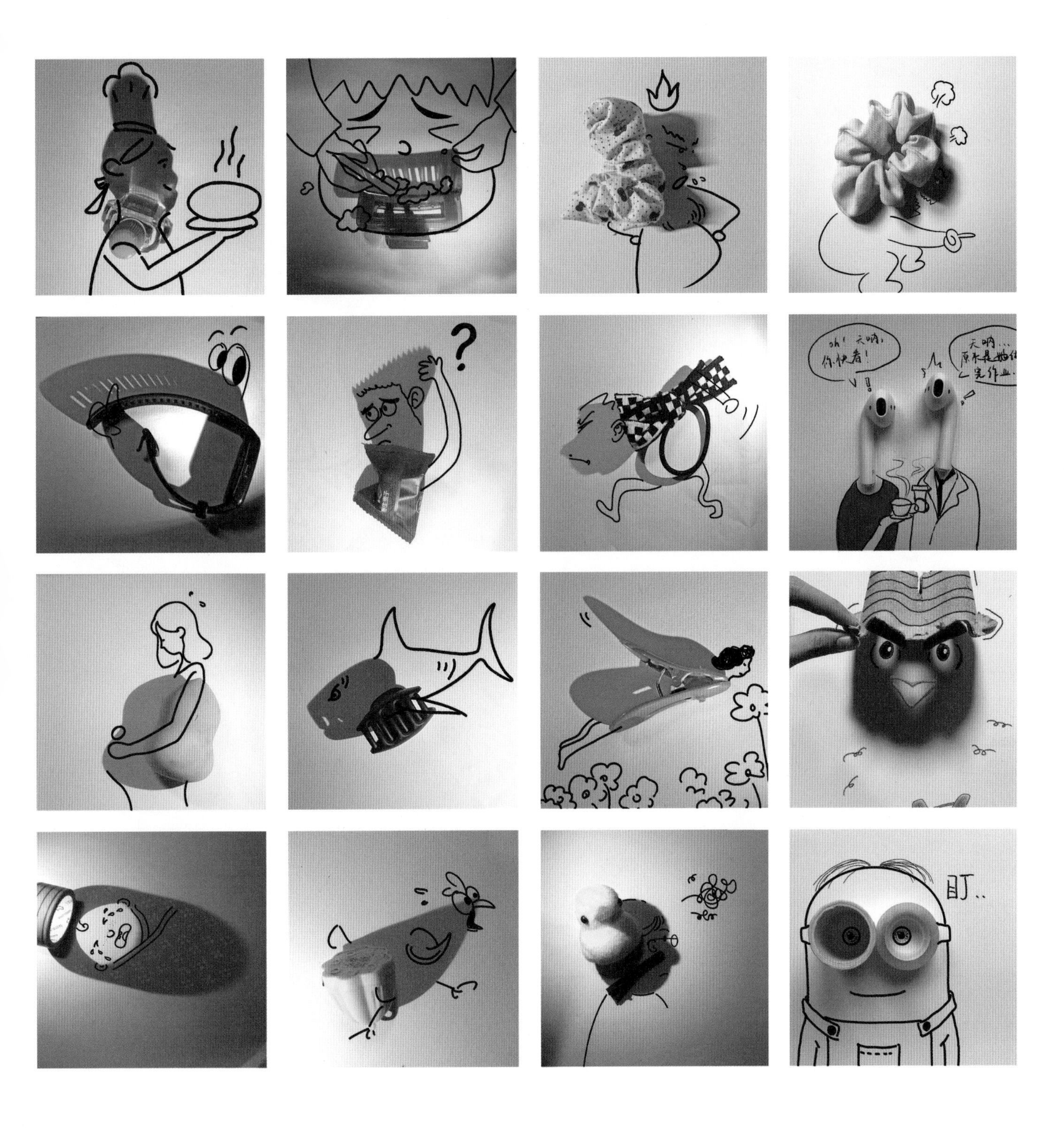
oh！天呐，你快看！
天呐...
盯..

Art No : 19550
Supplier no : 111193
Made in Vietnam

Hi! Friend
Candy
功德+1
功德+1
功德+1
功德+1

第三节 奇妙的错觉

错觉艺术实际上是一个古老而又现代的造型表现形式。追溯历史，错觉的表现技法在不同国度、不同时代，以不同的表现方式得到广泛而有价值的应用。在我国敦煌壁画的著名作品《三兔共耳图》中，三只兔子形成一个三角形，而相邻的两只兔子则共用一只耳朵，形成共生图形，寓意佛教的轮回，传递着生命不断诞生与死去的深刻内涵。这幅画构思精妙、匠心独运。我国传统木版画《四喜人》同样是错觉艺术形式的典型代表。画面中的两个可爱小孩看似是四个小孩的形象连接，充满创意，蕴含着吉祥如意的美好祝愿。

图 4-30

在日本，天保年间的浮世绘画家创作了错觉画《五头十体图》，五个孩童被巧妙地分成三人和两人，呈环状组合在一起，形成十个孩童。随着时代的演变，这一表现手法又衍生出了三面六身图、一头多体图、一人三面画等各种变化。而在宽正年间，浮世绘画家歌川国芳创作的《十四个人的身体形成三十五个人》更是一件令人叹为观止的错觉图像精品。这些作品在错觉的表现形式中探索，通过形象的连接和错综复杂的构图，呈现出视觉上的奇异效果，使观者产生了强烈的艺术体验。

图 4-31

图 4-32

图 4-33

图 4-30：
三兔共耳图 | 艺术作品 | 隋代
图 4-31：
四喜人 | 民间艺术 | 朝代不详
图 4-32：
五头十体图 | 浮世绘画作 | 日本
图 4-33：
一人三面画 | 浮世绘画作 | 日本

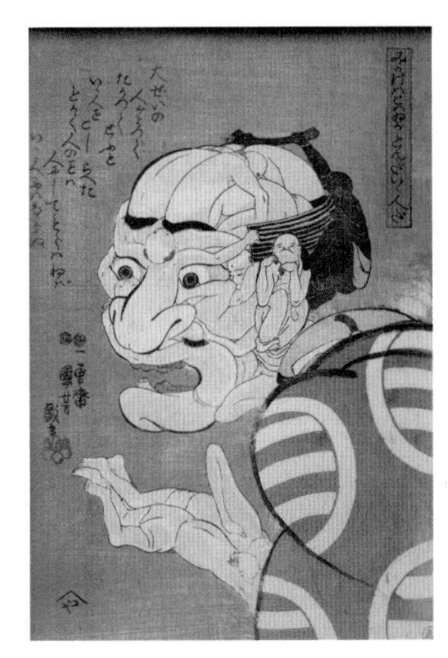

图 4-34

图 4-35

错觉图像，又被戏称为“骗人画”，是针对人类视觉器官对形态知觉的反应动作进行创作的艺术形式。换句话说，它存在于人类实体视觉感知的边界处，通过不寻常的错觉构图来对观者进行视觉诱导。一幅“骗人画”可能因为不同的观看方式而呈现出多重图像。

在 16 世纪，意大利画家朱塞佩·阿尔钦博托（Arcimboldo-Giuseppe）成了这一领域的杰出“怪才”。他运用一系列的蔬菜、水果、海鲜和花卉等元素来组成人物肖像，以不合逻辑的错觉构成了艺术的诗意和美。到了 20 世纪，朱塞佩·阿尔钦博托再次受到一些艺术家的重视，成为达达主义及超现实主义的先驱。其中，萨尔瓦多·达利深受朱塞佩·阿尔钦博托的影响，他创作的众多杰出艺术作品都巧妙地运用了错觉技巧，如同一个成功的双关语，引导观者认识词语的多重功能和意义。在他的作品《沙滩上的面孔形状的水果盘》中，人脸与水果盘精妙重合，女性的嘴巧妙地融入水果盘的底部，同时又好像是戴着柔软白帽的保姆背影。画面后方的一只大狗则由山景和水果盘的错觉构成，狗的眼睛仿佛是贯穿山岩的隧道，项圈则由拱形桥墩和其倒影组成。萨尔瓦多·达利通过对形状、大小、色彩、布局等的巧妙控制，创作出不可思议的错觉意象，令人叹为观止。

图 4-36

图 4-34：
异形画 | 艺术作品 | 歌川国芳 | 日本
图 4-35：
两面相 | 艺术作品 | 一勇斋国芳 | 日本
图 4-36：
天鹅反射大象 | 艺术作品 | 萨尔瓦多·达利 | 西班牙

图 4-37

图 4-38

超现实主义艺术家勒内·马格利特的大量绘画作品都运用了错觉，创造了一种“逼真”的视觉效果。他经常利用物体间的矛盾关系来扰乱“内”与“外”的界限，在画布上制造出“亦真亦假”、梦境与现实不可辨的真实感，呈现出一种“平面上的魔术”。在他的作品《欧几里得的漫步》中，画面左侧的圆锥体让人联想到欧几里得，而右侧延伸的街道看似是另一个圆锥体，实际上正是透视的幻觉构建了这一错觉。这些形状的错置意味着空间的存在或者不可能的空间存在。窗外的景色也被巧妙地插入画布中，使观者难以分辨是画中的场景还是窗外的实景，形成一种谜一般的效果。这样的艺术手法让观者陷入对现实与想象的深刻思考，强调了错觉在艺术中的独特表现力。

图 4-39

在图形设计中，视错觉创造了无限的可能性。这包括在二维空间中呈现出连续不断的动势幻象，令人叹为观止；或者制造匪夷所思、矛盾重重的空间转换，挑战观者的感知；又或者通过图形的反转或重叠，产生全新的变化和令人意想不到的效果。形中有形，戏中有戏的多义图形如同谜一般让人感到疑惑，而解谜的过程恰好是错觉图形带来的乐趣所在。这就像一场烧脑游戏，需要调动大脑峰值去解答谜题，体验其中的创造性思维和解谜的乐趣。

福田繁雄，日本著名设计师，以其独特的设计理念和作品享誉世界。在他的作品中，设计如一场愉快的游戏，他

图 4-37：
沙滩上的面孔形状的水果盘 | 艺术作品 | 萨尔瓦多·达利 | 西班牙
图 4-38：
欧几里得的漫步 | 艺术作品 | 勒内·马格利特 | 比利时
图 4-39：
福田繁雄个展 | 海报 | 福田繁雄 | 日本

图 4-40

图 4-41

图 4-42

不断变幻和颠覆设计，编织出空间与错视结构的意念。他的作品中充分运用了正负图形、矛盾空间、形体错移、空间混合、透视异化等手法，展现了他高超的技艺。

福田繁雄专注于人类视觉的扭曲或认知的暧昧性，巧妙地利用视错觉创作出令人惊叹的“看得见”的不可思议的作品。他运用印刷网点的分离与聚合，将不同的网点构成各种人物的形象；他将 50 个国家的国旗面混合构成了蒙娜丽莎微笑的海报作品；通过装置和雕塑，他表现了现实中不可能存在但看起来又可能存在的悖论。例如，他运用镜子反射，将一大堆五光十色的东西构成意大利画家朱塞佩·阿尔钦博托的肖像；或者用 2800 多把黏合在一起的刀叉投影出一辆摩托车等。福田繁雄通过精心计算出的“巧合”，创造了动人心魄的视觉惊悸。

曾有记者向福田繁雄询问关于三维设计的秘密，他表示自己的设计思路超越了平面。举例而言，一个东西从侧面看是三角形，从顶部看则是一个圆形。他抓住形状的变化规律，强调只要转换视点就能发现错觉的乐趣。福田繁雄正是通过巧妙运用错觉原理进行想象，将视觉意念和造形能力相互融合，以高度的幽默、简练的语言，非凡的构思创造出了独特的福田设计美学。

图 4-40：
福田繁雄个展 | 海报 | 福田繁雄 | 日本
图 4-41：
福田繁雄个展 | 海报 | 福田繁雄 | 日本
图 4-42：
今日展 | 海报 | 福田繁雄 | 日本

第四节　创意图形的视觉魔法

创意的涌现源于学习的长期积累和艺术审美的不断提升。从敏锐的察觉认知到丰富的想象力创造，多彩的生活、广泛的阅读体验、丰厚的人生经验以及深入的实践，每一方面都是创意的滋养之源，缺一不可。

唯有拥有“好学不倦”的动脑能力，持续不断地追求知识，不断开阔视野，才能够激发出创新的火花。同时，还需要具备“孜孜不倦”的动手能力。通过动手实践，将理论知识转化为实际技能，才能够让创意得以跃升，让想象力展翅飞翔。这种不懈的努力和实践，使设计者得以“妙笔生花”，呈现出独特而引人入胜的设计之美。因此，创意的培养需要全方位进行，只有融合了学识的深厚积累和实际动手能力的不懈磨炼，方能使创意真正成为一种灵动的设计表达。

1．异质同构 ——合一的视觉符号

异质同构论是格式塔心理学派提出的一种解释审美经验形成的理论。根据这一理论，外部事物（如艺术式样）、人的知觉（尤其是视知觉）的组织活动（主要在大脑皮层中进行）以及内在情感之间存在根本的统一。它们都被看作力的作用模式，一旦这几个领域的力的作用模式在结构上达到一致，就可能引发审美经验。

图 4-43

图 4-43：
对 Alphonse Allais 的崇敬 | 艺术作品 | 勒内·马格利特 | 比利时
图 4-44：
红色模特 | 艺术作品 | 勒内·马格利特 | 比利时
图 4-45：
解释 | 艺术作品 | 勒内·马格利特 | 比利时

通俗地说，异质同构论基于物质相似性，运用视觉隐喻的手法创造出新的意义。通过将两种毫不相干、不合逻辑的事物形态进行组合，形成一个新的事物形态，传达出特定信息的内涵，从而赋予其新的意义和价值。换言之，这是一种通过不同质的形态相互结合，借助关联、内在联系或逻辑关系，创造出新图形的设计手法，可呈现出独特的视觉语意，展现出引人入胜的视觉惊奇效果。

超现实主义领袖人物布列东曾表达过一种绝妙的创作方法，即两个现实之间的联系越遥远，意象就越高大，意象的情感力和诗意现实就越强大。异质同构好似应用了这种意象的碰撞，激发出设计的独特火花。

事实上，非同寻常的事物往往能够引起我们的注意。奇怪的事物因为其不合常规而自然而然地突显出来。在勒内·马格利特创作的《对 Alphonse Allais 的崇敬》中，鱼的形态与香烟巧妙地结合在一起，两个完全不同的物体因某种潜在关系而组合，透露出神秘而富有诗意的感觉。《红色模特》也展示了这种效果，一双短靴和两只赤脚因形的相似而嫁接在一起，质的不同组合形成了视觉上的“强烈碰撞”，带来了惊异之感。而在画作《解释》中，酒瓶渐变成胡萝卜，产生了一种“无法解释的解释”。通过观摩勒内·马格利特的作品，我们可以看到一种图景，即两个遥远现实的结合可以产生出美妙而独特的意象。

图 4-44

图 4-45

图 4-46

波兰海报派设计师们深受超现实主义的熏陶，其中著名的戏剧海报设计大师拉法·奥乐宾斯基（Rofal Olbinski）以其无与伦比的高超写实技巧和对异质同构创意手法的巧妙运用而备受瞩目。他在个人展览海报中，通过将旗帜与人脸进行同构，运用象征隐喻的手法，创作出了充满想象力的超现实图形。

波兰新一代设计师白同异同样深受超现实主义的启发，他经常将两个风马牛不相及的事物神奇地组合在一起。在《纪念法国艺术家图卢兹·劳特雷克诞辰 100 周年》的海报中，白同异将蜡烛和蜡笔进行异质同构，两者的象征意义巧妙地揭示了纪念与艺术家的双重内涵。这种巧妙的组合不仅展现了设计师的创造力，还在观者心中引发了丰富而深刻的联想。在为法国蓬皮杜文化中心新音乐与声响研究学院创作的系列海报中，他将乐器与其他元素巧妙组合，两者在形式上似乎毫无联系，却以逆向思维提出了一个问题，即当今音乐是什么？这引发了人们对当代音乐的深刻思考。在另一幅戏剧海报中，手套和手的怪异组合似乎在暗示某种阴谋，血迹斑斑的手引发神秘和惊悚的视觉联想。

图 4-47

日本设计师松井桂三的世界时装展系列海报展现了他独特的创意手法。在这一系列中，模特的头部和蝴蝶被同构，时装的美丽与蝴蝶的优雅形成和谐统一的画面。这个设计精巧地传达了时

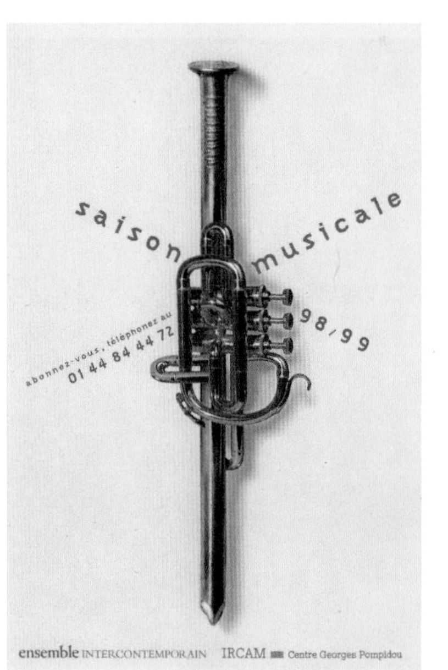

图 4-48

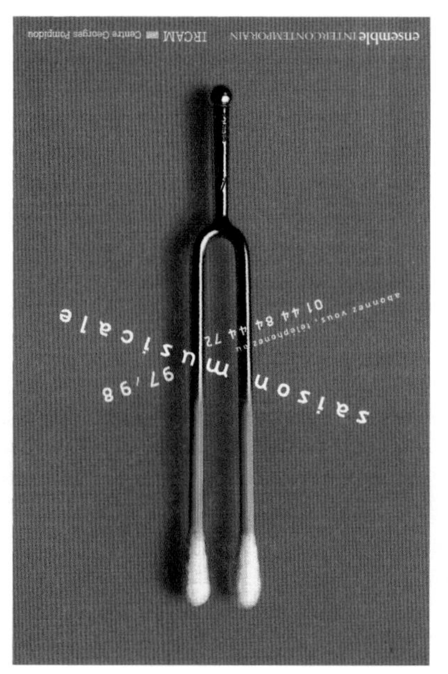

图 4-49

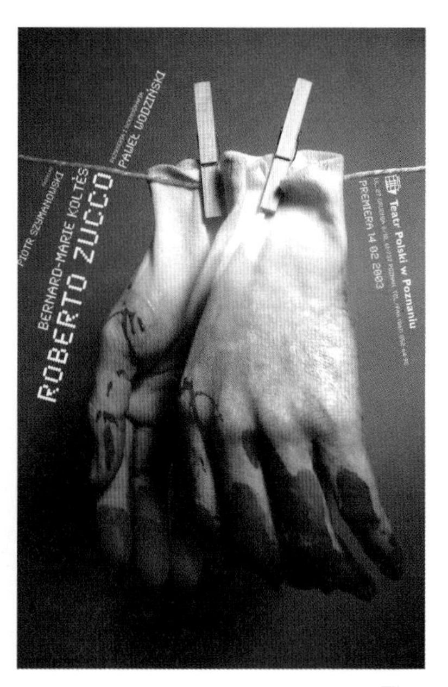

图 4-50

图 4-46：
个人艺术展览 | 海报 | 拉法·奥乐宾斯基 | 波兰
图 4-47：
纪念法国艺术家图卢兹·劳特雷克诞辰 100 周年 | 海报 | 白同异 | 波兰
图 4-48 ~ 图 4-49：
新音乐与声响研究学院 | 海报 | 白同异 | 波兰
图 4-50：
戏剧 | 海报 | 白同异 | 波兰
图 4-51 ~ 图 4–52：
世界时装展系列 | 海报 | 松井桂三 | 日本
图 4-53：
BCBC，一个庆典 | 海报 | 米尔顿·格拉塞 | 美国
图 4-54：
巴赫生日快乐 | 海报 | 西摩·切瓦斯特 | 美国
图 4-55：
The Writer's New York City Source Book | 海报 | 西摩·切瓦斯特 | 美国
图 4-56：
图钉设计工作室 | 海报 | 西摩·切瓦斯特 | 美国

尚与自然之美的共鸣，将时装展的多彩世界与蝴蝶般轻盈的自然之美相结合，为观者呈现出一场别开生面的时尚盛宴。另一位设计师米尔顿·格拉塞的作品《BCBC，一个庆典》则通过生动的图像同构传达了音乐庆典的愉悦氛围。画面中，一个提琴手欢快地演奏着音乐，而静态的提琴与动态的人形巧妙同构，使观者能够感受到音乐带来的欢乐与活力。这种同构设计不仅呈现了音乐与人的融合，同时也突显了音乐庆典的独特魅力。

西摩·切瓦斯特为图钉设计工作室创作的宣传海报则展现了一种幽默而独特的设计理念。在这张海报中，一个身穿黑色西装的绅士的头部被“精神抖擞”的公鸡头替代，形成了意想不到的有趣画面。这一设计以巧妙的同构方式传递了图钉工作室勇于创新、标新立异的公司形象，为观者带来了一份独特而引人注目的视觉体验。

图 4-51

图 4-52

图 4-53

图 4-54

图 4-55

图 4-56

2. 多重图形 —— 神奇的视觉谜语

在特殊情况下，即使是相同的形态，在观看距离发生改变时也能产生完全不同的视觉效果，这就是距离错觉。观看距离的变化会导致图形的错觉，即在不同的距离下，同一个形状可能呈现出截然不同的外观。这种错觉效应有时甚至在观看距离不发生变化的情况下，也能够产生双重或多重错觉现象。

图 4-57

即便在固定的观看距离下，一个完整的图形也可能因为视点的微小变化而呈现出两个或两个以上具有独立意义的形象。这种现象被称为视角错觉，同一个物体或形状由于视角的微妙变化而展现出截然不同的外观。

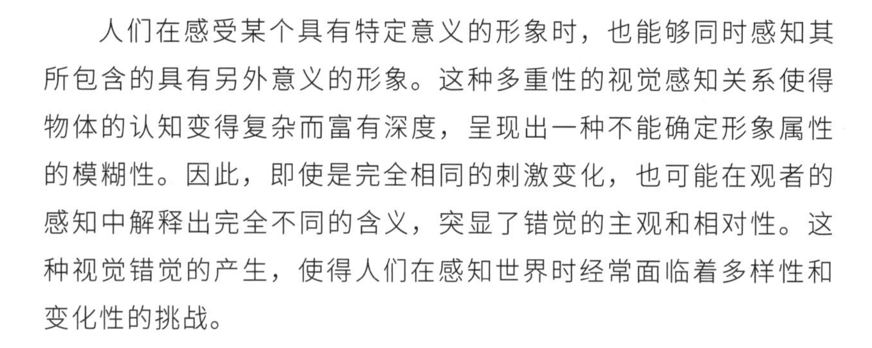

人们在感受某个具有特定意义的形象时，也能够同时感知其所包含的具有另外意义的形象。这种多重性的视觉感知关系使得物体的认知变得复杂而富有深度，呈现出一种不能确定形象属性的模糊性。因此，即使是完全相同的刺激变化，也可能在观者的感知中解释出完全不同的含义，突显了错觉的主观和相对性。这种视觉错觉的产生，使得人们在感知世界时经常面临着多样性和变化性的挑战。

作为一种特殊的造型方法，错觉图形的先决条件是形与形的轮廓线相互借用，形成一种共生的现象。这种结构紧密而有机，就如同木器的榫接头，形状间呈现出一种阴阳相扣的关系，形成了牢固的结合体。

美国设计师兰尼·索曼斯设计的儿童涂彩海报是一个生动的例子，通过巧妙运用轮廓线，实现了形与形之间的相互借用和共存。线条形成动势的流向，引导小观众的视线按照设计师设置的路径流动，最终呈现出幽默有趣的不同形态，使整个海报变得生动活泼。

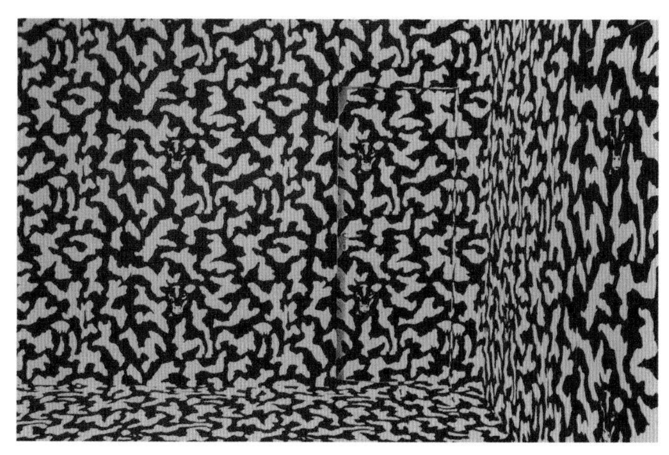
图 4-58

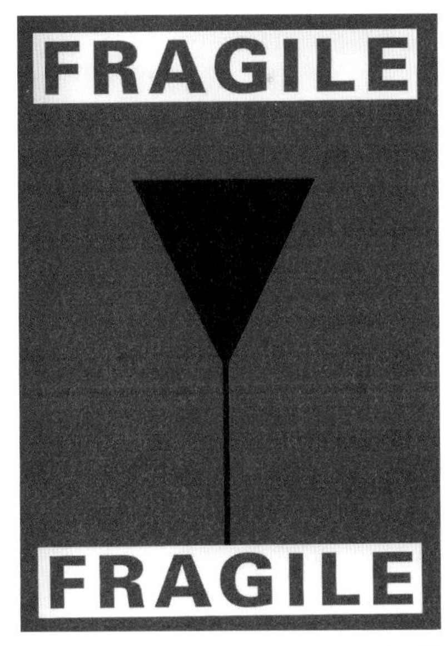

图 4-59

德国设计师乌韦·勒斯（Uwe Loesch）创作的立体海报 *IQ* 是一件富有深意的作品，是为了抗议切尔诺贝利核反应堆融化引起的灾难及对整个欧洲植被和野生动物造成的放射性破坏而设计的。在这幅作品中，黑色背景下的不规则亮黄色区域表达了由辐射引起的人类细胞的破坏和突变。在这个区域内，隐藏着一头立体的牛，其身体被不规则的形状所掩盖。三叶形的核辐射标志出现在牛脸的左侧。乌韦·勒斯通过这幅海报生动而尖锐地反映了切尔诺贝利灾难的环境代价，以独特的形式表达了对核事故的抗议和担忧。

设计师涩谷克彦制作的资生堂元旦广告海报，乍一看是鲜艳欲滴的红唇，但再仔细观察，你会发现其中蕴含着形中有形的精妙图像。据说，这幅海报的设计灵感源自日本一个传说：如果在正月初一和初二梦见富士山、鹰、茄子，那么未来的一年就会充满好运。在这个海报中，这三个元素巧妙地融合在一起，传达出使用资生堂口红就能够招来“好运”的吉祥寓意。

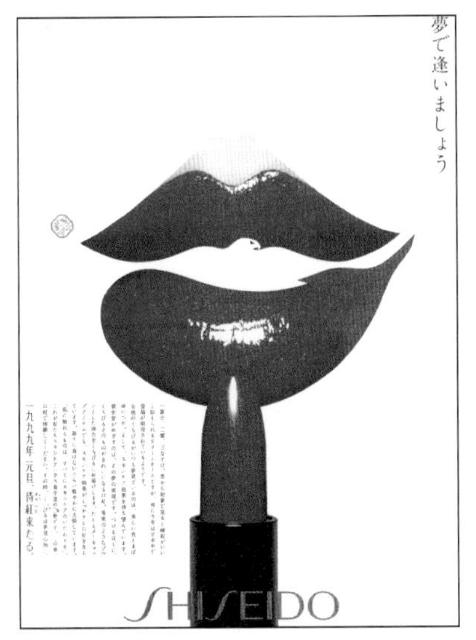

图 4-60

另一位波兰海报设计师 Wieslaw Rosocha 的大量戏剧海报同样展现了戏中有戏的设计手法。这些作品中，形体之间相互关联、重叠，运用古典主义的写实技巧创造出奇特而充满寓意的神秘世界。作品中的“戏剧”内容与视觉上的“戏剧”相得益彰，共同构建出引人深思的艺术境界。

图 4-61

图 4-62

图 4-57：
儿童涂彩 | 海报 | 兰尼·索曼斯 | 美国
图 4-58：
IQ | 海报 | 乌韦·勒斯 | 德国
图 4-59：
脆弱 | 海报 | 雷克斯 | 波兰
图 4-60：
资生堂 | 海报 | 涩谷克彦 | 日本
图 4-61~图 4-62：
戏剧 | 海报 | Wieslaw Rosocha | 波兰

3. 悖论图形—— 戏剧性的视觉语言

悖论是逻辑学中的一个概念，指相互矛盾、相互违背的谬误之论。在创意语言中，悖论被视为一种特殊而有力的表达手段。它通过违反事物固有的自然规律和普通逻辑，将真实与虚幻、主观与客观有机地融合在一起。通过逻辑的混乱、错位的设置、大小的异变以及不合常理的怪异，创造出反常、变异和矛盾的视觉形象。

这种创意手法将艺术家的意念和智慧相融合，呈现出一种独特的、近乎魔法般的视觉魅力。悖论的运用不仅可以打破传统的思维模式，还能引导观者进入一个超越常规的艺术境界。通过挑战逻辑和混淆观感，悖论在创意表达中展现了对事物多样性和复杂性的深刻认识，为观者提供了全新而令人惊叹的艺术体验。

悖论图形所造成的反常现象虽然荒诞和诡异，但实质意义却相通，就是在荒唐的结果中蕴含着合理的寓意，可供人深入探索和回味。波兰设计师维斯瓦夫·瓦尔库斯基（Wieslaw Walkuski）是制造悖论图形的高手。他的作品特点在于在画面上制造出矛盾的视觉效果，运用夸张变形违背常理，将主观臆想替代客观物象。

维斯瓦夫·瓦尔库斯基通过运用无法以日常标准来衡量的场景，以及不符合逻辑规律的事物所产生的变形，形成了自己独特的风格。在为波兰大师招贴展设计的作品中，他用碎纸片制成花瓣等来改变

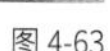
图 4-63

图 4-64

图 4-63：
波兰大师招贴展 | 海报 | 维斯瓦夫·瓦尔库斯基 | 波兰
图 4-64：
维特·朱米拉 | 海报 | 维斯瓦夫·瓦乐库斯基 | 波兰

图 4-65

图 4-66

物象的原始状态，以逼真的写实手法创作出一张伸着长舌头的嘴，形成了匪夷所思的新物象。这样的悖论错觉传达出波兰海报独树一帜的设计风格，其形式与内容相得益彰，构成了一种引人入胜的视觉体验。

麦克兹洛·格鲁瓦斯基（Mieczyslaw Gorowski）的戏剧海报《警察》呈现出荒诞不羁的形态，充溢着超现实主义的神秘氛围及富含隐喻的悖论元素。这张海报通过强烈冲击观者的视觉观感，引发了强有力的心理刺激。作品中的异形形象不仅超越了日常生活的常规，还在超现实的艺术语境中展现出深厚的内涵，使观者在视觉上感受到一种非凡的体验。耶日·契尔尼亚斯基（Jerzy Czerniawski）的电影海报《鹰舞》则以违背常理的手法为观者呈现出独特的视觉效果。画面上部浸泡在水缸中的是铁钉，而下部却呈开裂的鹰爪形并在流血，将一缸水染成红色。这种超现实的手法象征着主人公为了达到他所追求的社会地位，不惜失去人的灵魂和道德良知，甚至在这一过程中牺牲了他最亲近的人。观者通过这幅海报可以感受到图形所蕴含的丰富内涵，整个作品充满了引人深思的艺术意味。

图 4-65：
警察 | 海报 | 麦克兹洛·格鲁瓦斯基 | 波兰
图 4-66：
鹰舞 | 海报 | 耶日·契尔尼亚斯基 | 波兰

4. 蒙太奇图形——混搭的视觉语意

蒙太奇一词原为法语 Montage，最初是建筑学术语，意为构成和装配。在艺术领域，尤其是在设计领域，蒙太奇被理解为一种剪辑理论，是一种创意表现手法，依赖于跳跃性思维模式。在这个概念中，形与形之间的关联可能表面上并不大，但一旦将它们的个性相互展示，将共性物合而为一，就能引发一种新鲜奇特的视觉感。

蒙太奇强调创造的观念，不以追求生活的真实为目标，而更注重在视觉意义上的艺术性和合理性。这一概念也可以被理解为一种混搭，即将几个毫不关联的表现对象或理念组合起来，形成一个奇怪的混合物。正是这种非常态的组合带来了极具想象力的效果。

图 4-67

在图形设计中，蒙太奇表现手法通常以材料拼贴、摄影、数码图像编辑等形式呈现。通过重组和编排，将看似无关的物体或思想整合成一张完整的图片。总的来说，蒙太奇手法具有很强的艺术性，画面通常纷繁复杂，给观者带来自行解读的视觉刺激。

横尾忠则（Tadanori Yokoo）是一位日本艺术家和平面设计师，他的大量平面作品展示了独特的蒙太奇表现手法。其风格既传承了日本传统设计手法，又融合了西方流行艺术元素，如达达主义、波普艺术和超现实主义。通过图像和图形的混搭拼贴、人与事物的拼砌和重叠，他创作出令人目不暇接、奇异多彩的图形，这也成为他独具特色的标志性语言。

图 4-68

横尾忠则创作的海报《我的临终美学》展现了一位穿着西服的年轻男子，被挂在绳索上，手中拿着一朵枯萎的玫瑰。背景是初升的太阳，左下角为他一岁半时的照片，右下角为他青少年时期的照片，通过粗俗的手势表达着性。在上方的角落里，出现了两幅富士山的画，其中一幅与 20 世纪 60 年代推出的日本新型子弹头列车有关。这些奇异的蒙太奇元素充满象征性和暗示性，透露着一种晦涩的幽默感。另一幅代表作《腰卷阿仙》同样展现了横尾忠则独特的风格，色彩艳丽、构图夸张，多元混搭，散发出怪异的视觉美感。这些作品通过蒙太奇手法，将不同寻常的元素有机地组合在一起，彰显了艺术家的独创性和表达力。

图 4-69

图 4-70

图 4-71

弗拉基米尔·斯坦伯格（Vladimir Stenberg）和乔治·斯坦伯格（Georgil Stenberg）夫妇是著名的海报设计师，他们在创作中广泛运用蒙太奇手法，展现了 20 世纪 20 年代苏联先锋电影制作的高度创新和实验性贡献。

他们为电影《拿着电影摄影机的人》创作的海报，通过独特的蒙太奇手法呈现了引人注目的动态画面。女人的身体弯曲成深深的拱形，胳膊、腿和头向不同方向摆动，背景中的建筑通过透视拉伸形成尖锐的视角。文字组成的圆圈，包含电影标题和演职员表，变成了一个旋转的漩涡，仿佛复制了摄像机的镜头。这些元素的巧妙拼合创造出一种令人眩晕的运动感，强调了电影的戏剧性和创新性。

斯坦伯格夫妇的图形设计以高饱和度的色彩、面部或手部的极端特写为特征。他们通过极富创意的动态视角、具象和抽象的形状组合，传达出强烈的主题情感和戏剧性的表现力量。这些作品不仅在当时体现了苏联先锋电影的实验性和先进性，也为后来的设计师提供了丰富的启示，成为海报设计领域的经典之作。

1967 年，披头士乐队创作了一张颠覆性的唱片专辑，永远地改变了摇滚和流行音乐的内涵和风格。同样具有开创性的是设计师彼得·布莱克和简·霍沃斯设计的专辑封面，它突破了当时的艺术流行设计趋势，成为设计史上的“概念封面”，并在音乐和设计领域成为经典。

在这张专辑的封面上，彼得·布莱克和简·霍沃斯以蒙太奇手法将 70 多位名人、作家、音乐家、电影明星等拼贴在一起。明亮醒目的“披头士”站在前列，而周围则是各种各样了不起的人物，形成了一个视觉上的焦点。封面前景中的“BEATLES”由花朵拼成，这种组合方式仿佛是在纪念历史性时刻。整个画面设计风格幽默荒诞，明显受到了达达主义、超现实主义和迷幻主义的综合影响。这一作品不仅为披头士乐队的音乐创作增色不少，也在视觉上为专辑封面设计树立了新的标杆。

图 4-67：
我的临终美学 | 海报 | 横尾忠则 | 日本
图 4-68：
腰卷阿仙 | 海报 | 横尾忠则 | 日本
图 4-69：
横尾忠则个展 | 海报 | 横尾忠则 | 日本
图 4-70：
拿着电影摄影机的人 | 海报 | 斯坦伯格夫妇 | 俄罗斯
图 4-71：
BEATLES| 专辑封面设计 | 彼得·布莱克和简·霍沃斯 | 英国

5．矛盾空间 —— 梦幻的视觉魔术

矛盾空间的魅力在于它以一种出奇制胜的方式在平面上呈现出三维立体效果。这一创作手法通过利用视点的变化和转移，精妙地制造出混沌的空间错觉。观者在面对这些作品时，仿佛置身于一个超越常规的、玄幻的世界，感受到了触手可及的三维感。

这种艺术手法的独特之处在于它创造了一种“不可能的真实”，挑战了观者对空间的正常认知。画面虚实交错，将不同空间元素集结在平面上，形成一种错综复杂而又协调有序的立体效果。这不仅为观者提供了沉浸式的视觉体验，同时也引发了人们对人类视知觉和空间感知奥秘的思考。

莫里茨·科内利斯·埃舍尔是运用矛盾空间的奇才，他通过绘画的“欺骗性”展示了在二维平面上呈现三维物体的可能性。他的作品《画手》通过画板上的纸面，描绘了两只手互相绘画的奇妙场景，突显了现实空间中不可能存在的图像。

图 4-72：
画手 | 艺术作品 | 莫里茨·科内利斯·埃舍尔 | 荷兰
图 4-73：
西边故事 | 海报 | 伊斯特万·欧里兹 | 匈牙利
图 4-74：
怪圈 | 海报 | 伊斯特万·欧里兹 | 匈牙利
图 4-75：
楼梯 | 海报 | 伊斯特万·欧里兹 | 匈牙利
图 4-76~图 4-77：
福田繁雄个展 | 海报 | 福田繁雄 | 日本

匈牙利设计师伊斯特万·欧里兹以其在矛盾空间创作方面的卓越才华而著称。他长期专注于视错觉图形的研究，致力于制造平面上的“视觉欺骗”。在他的海报《西边故事》中，通过上下视角的变化，观者可以看到房子的角在向外凸和向里凹之间不可思议地变化，这种魔术般的效果巧妙地隐藏在鸟笼下的窗栏位置。伊斯特万·欧里兹凭借对人的视知觉原理的深刻理解，使观者在不自觉中经历视角的转换，沉浸于矛盾的趣味空间。

在他的另一幅作品《怪圈》中，观者似乎难以分辨圈外和圈内的界线，仿佛置身于电影《盗梦空间》中。眼睛来回扫视，空间也在不断变化。在另一张海报《楼梯》中，右边的人物明明在往下走，而左边的人物却在向上走。尽管阶梯的形态丝毫未变，但通过人物走的

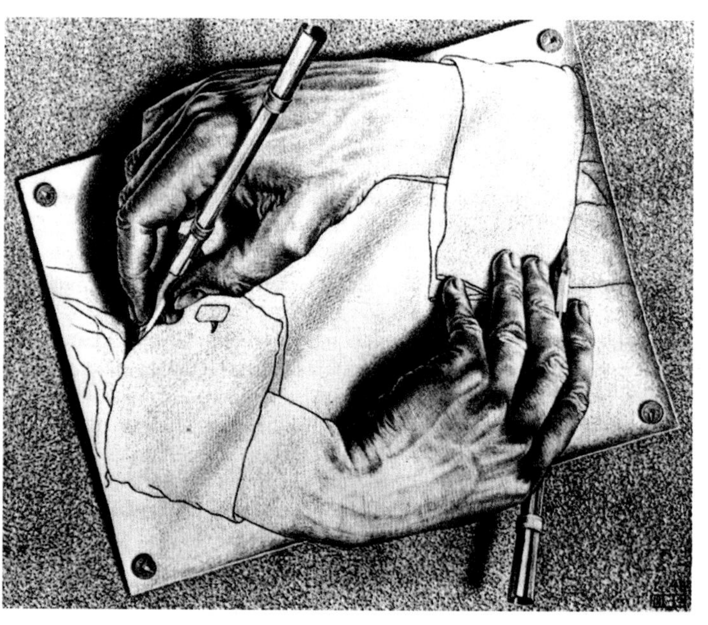

图 4-72

方向巧妙地产生了错位的空间感。伊斯特万·欧里兹擅于利用人们的视像和心理差误，通过精心布局画面，创造出充满变异的空间，其中又透射出一种理性的秩序，使看似荒诞的形象散发出独特的视觉魅力。

福田繁雄是矛盾空间创作的大师，形态方向的变动是其作品中的一个关键元素。通过对物体形态方向的变化，他巧妙地操控了空间感，使得观者在作品中产生对立统一的独特感觉。这种创作手法使得他的平面作品具有立体效果，使人无法分辨虚实，形成一种令人陶醉的“迷眼法”。

通过错位连接，福田繁雄将看似不相关的元素以一种让人意想不到的方式连接在一起。这种矛盾空间的构建让人在观看作品时感受到前所未有的错综复杂的视觉体验。透视异化则是他创作中的另一拿手好戏，通过对透视关系的巧妙调整，他使画面中的物体在形态上发生了不可思议的扭曲，创造出一种离奇而引人入胜的错觉效果。

总体而言，福田繁雄通过对矛盾空间的深刻理解和创意巧思，成功地将不同空间元素融合在一起，为观者呈现出一个奇异和变幻莫测的视觉奇观。他的作品不仅是对观念的挑战，更是对设计表达形式的独特探索。

图 4-73

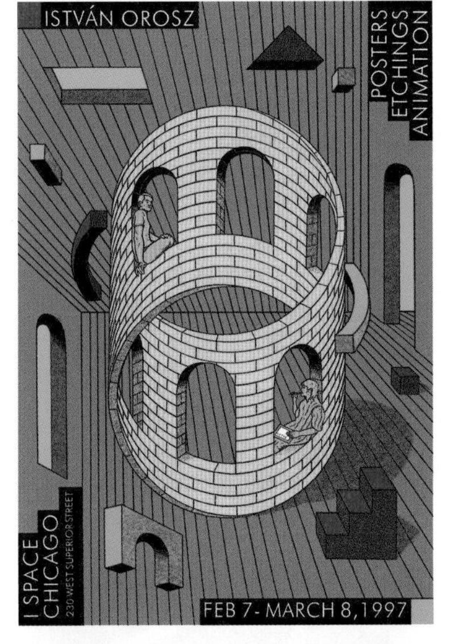

图 4-74

图 4-75

图 4-76

图 4-77

6. 正负图形 —— 图底的视觉双关

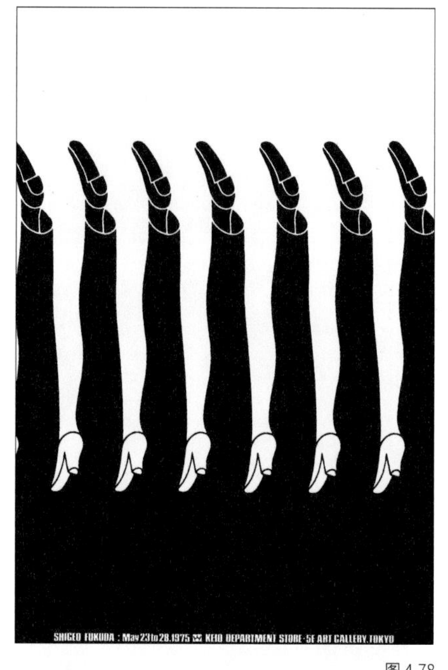

图 4-78

正负图形的研究可追溯至 20 世纪初，当时丹麦心理学家 E. 鲁宾提出了与其理论相关的重要概念。他的理论阐述突显了人类感知的综合性，即感知并非孤立存在，而是受周围环境影响的产物。在这一背景下，对于某一形态的认知往往是由其所处环境引发的。正负图形犹如双关语，呈现出两种可能性并存的特点。这种图形在视觉上给人一种多重解读的感觉，观者的大脑在不同形态之间来回摇摆。形态之间可能存在不同的意义，这些意义之间可能相互冲突，但它们又共同构成了整体。

正负图形的独特之处在于观者在感知时可能产生多重解读，这种多义性使得图形更富有趣味性和复杂性。观者的感知因此变得更具交互性，因为不同的背景和观看角度可能导致截然不同的理解。这种交互性使得正负图形在艺术、设计和心理学等领域都具有广泛的应用和研究价值。

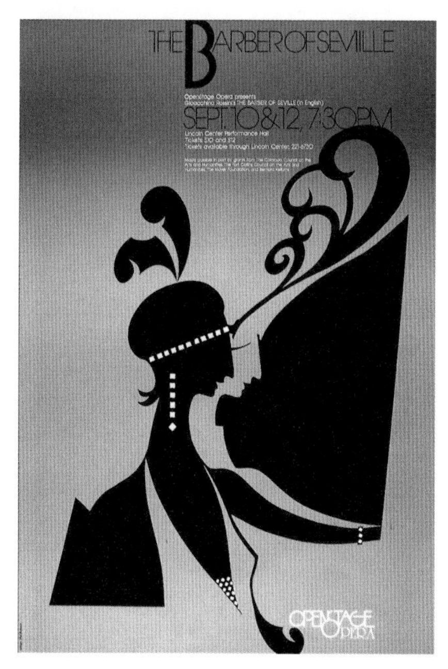

图 4-79

设计师运用大脑的能力来重建秩序，通过调整图形的大小比例来控制正负空间，使图形的界面、布局及图形与背景之间相互转换。这种转换的关键在于共有的线，即两个图形之间的分界线，将轮廓线一方视为图形的背景。因此，图底互换所产生的空间感觉主要取决于视觉的判断。在《福田繁雄个展》海报中，设计师精妙地将男性和女性的腿相互转换，使它们向前或向后，创造出一个有趣的互动空间。当观者的眼睛左右移动时，注意力完全被吸引，从而展示了福田繁雄在视觉上高超的掌控能力。这种设计手法不仅在图形表达上独具特色，同时也引导观者在感知中进行多重解读，增添了作品的趣味性和复杂性。这种对正负空间的巧妙运用为观者呈现了一场视觉的盛宴，使得图形的含义在与观者的互动中得以丰富和变化。

美国设计师菲里·瑞斯拜克（Phil Risbeck）为 19 世纪意大利歌剧作曲家罗西尼的著名代表作《塞维利亚的理发师》创作的海报展现了他独特的设计才华。在这张海报中，画面的主体是一位造型优美的女性黑色剪影，这个形象象征着歌剧中的少女罗西娜。然而，设计的巧妙之处在于少女的剪影与另一块黑色形状的空隙

图 4-78：
福田繁雄个展 | 海报 | 福田繁雄 | 日本
图 4-79：
塞维利亚的理发师 | 海报 | 菲里·瑞斯拜克 | 美国

图 4-80

图 4-81

交汇，隐约显现了另一张人脸的侧面。这一设计巧思不仅赋予了画面更多层次的寓意，还通过形式的独特表达，展示了菲里·瑞斯拜克对这部经典歌剧非同寻常的理解。

兰尼·索曼斯为莎士比亚戏剧《罗密欧与朱丽叶》创作的海报同样展现了设计的独到之处。画面呈现了一对热恋男女的紧密合体，而兰尼·索曼斯巧妙地将负空间设计成心口上的十字架。这一设计元素在一黑一白、一虚一实的鲜明对比中，揭示了这部伟大戏剧的悲剧性。通过简洁而朴素的表达，兰尼·索曼斯成功地将情感和戏剧内容融入海报中，为观者呈现了一场充满深意和戏剧张力的视觉盛宴。

美国设计师保罗·兰德创作的海报《纽约艺术导演俱乐部》，运用了正负图形表达方式，将具象与抽象融合呈现。一个黑色的正方形上点缀着彩色的剪纸色块，这些色块看似随意地浮动在黑色的背景上，形成了花瓣或其他抽象形状的印象。然而，观者在不经意的排布中却会发现一个公鸡形象神奇地在负形空间中“呼之欲出”。这幅海报通过图形的象征性，巧妙地传达了先锋导演的精神意义。设计师对貌似平凡的物形进行意想不到的诠释，使整个作品别具一格、意义深远。通过对正负图形的精彩运用，艺术家引导观者在抽象与具象之间探寻更深层次的艺术内涵。这种富有创意的设计语言不仅强调了形式美感，还蕴含着深刻的思想和象征，使作品成为视觉上的盛宴。

图 4-80：
罗密欧与朱丽叶 | 海报 | 兰尼·索曼斯 | 美国
图 4-81：
纽约艺术导演俱乐部 | 海报 | 保罗·兰德 | 美国

课题训练　图形语意

本课题训练侧重于帮助学生通过基础学习阶段的认知、知识积累和实践，建立对图形的深刻理解，培养通过具体表现来传达特定主题的能力。图形设计作为一门综合性的艺术学科，不仅要求学生具备对形式和结构的敏感度，还需要培养对不同主题的把握和表达能力。

课题训练的最终目的是围绕问题的解决展开意念的创造。学生将学会通过图形设计来回应和解决特定问题，这不仅在于美观的表现，更在于注重设计作品背后所要传达的内涵与语意。在这个过程中，学生将培养批判性思维，学会审视问题、挖掘需求，通过图形的形式呈现出独特的解决方案。

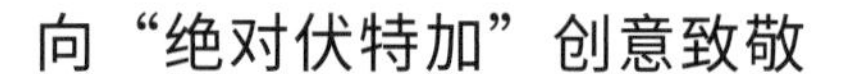

向“绝对伏特加”创意致敬

绝对伏特加（Absolut Vodka）品牌的创世可追溯至 1879 年，作为一款国际顶级烈酒，它以独特的口感和卓越的工艺享誉全球。其富有创意和设计精妙的广告形式，成为平面设计领域的经典案例。

绝对伏特加广告的独特之处在于以瓶子为绝对的主角。其巧

妙的措辞与视觉关联，广告画面格式保持不变，而瓶子却呈现出千变万化的形态。这种变与不变的辩证统一创造出精彩绝伦、奥妙无穷的创意杰作。这一创意手法使得观者在每次欣赏广告时都能够发现新的元素，让整个广告系列充满了令人惊喜的视觉冲击。

绝对伏特加广告有着独特的创意视角。瓶子不仅是一种酒品容器，更是一个充满无限可能性和创意的表达媒介。品牌成功地将产品与创意艺术相结合，引起消费者的共鸣和关注。这种整合使得绝对伏特加不仅是一种烈酒，更是一种艺术品，一种传达品牌独特精神的表达方式。

绝对伏特加的广告创意具有几个显著的特点。

首先是情感化。广告设计涵盖了多个领域，如城市、时尚、文学、口味、艺术和时事等，成为传达的媒介。例如，在城市主题中，通过将瓶子造型与销售国的文化相联系，突出展现这些国家的建筑风貌或地方特色，引发消费者的情感共鸣，增添了对品牌的归属感和认同感。

其次是独创性。广告通过比喻、象征、夸张等手法，不断挖掘生活细节中的专属符号；运用错觉、异质同构、蒙太奇等创意手法，体现独特的意念和构思的巧妙之处，给消费者留下深刻的“绝对印象”。

再次是关联性。广告成功地在商品和主题之间建立了关联，以瓶子造型为基础展开联想，创造全新的意念；通过语意的内涵挖掘，运用抽象、精练或重构建立新形态的完美表象。观者由视觉感受联想到产品的内在美感，通过关联体会出绝对伏特加内在的独特品质。这种关联性不仅提升了品牌形象，也使广告更具深度和表达力。

实际上，只有当创意在适当、有趣、引人入胜的图形表达中得以体现，从情感层面感染消费者时，创意才能以主动出击的方式深深抓住消费者的心理。这样的表达方式使得创意进入了造型艺术的佳境，而绝对伏特加的成功正是建立在这一点之上的。

在平面设计中，图形的表达是创意得以传递和取得共鸣的关键。通过图形的恰当运用，创意能够更加形象地呈现在观者面前，引发观者的情感共振。绝对伏特加成功的原因之一就在于将创意通过图形的方式生动而有趣地呈现出来，使消费者对品牌产生深刻印象。

对于这一经典案例，我们关注的焦点集中在广告背后的创意思维，以及那些无穷无尽、源源不断的表现手法上。

这一训练串联了图形课程的不同阶段，从形式语言的练习延伸至创意概念的表达，旨在验证学生实际解决问题的能力。学生在课程中应深入了解这一案例，通过对其创意思维和表现手法的研究，培养对图形设计的综合理解和实践能力。这样的训练为学生提供了一个更深层次、更具挑战性的学习体验。

训练要求：

以提供的乐器素材图片为表现对象，从疯狂、惊喜、疼痛、快乐、抒情、忧郁、兴奋、迷幻、幽默、神秘、错觉、古典、现代、性感、时尚、艺术、质感、戏剧化中选择 5 个词汇进行概念表现。

在进行这个训练之前，首先需要深刻理解所选择词汇的概念意义。如果对所表达的主题词理解模糊，词意不明晰，就如同在写作时不理解题目，匆忙下笔的结果往往是偏离主题或者跑题。通过图形表达，我们能够直观地感受到概念传达的意义，从而实现这个训练的目的。以下通过举例对一些词汇进行简单解读。

（1）疯狂：在这个概念中，我们将利用图形元素传达一种疯狂、混乱的感觉。或许通过乐器的扭曲、变形或不寻常的排列，能创造出一种颠覆传统的氛围，使观者感受到音乐中的疯狂能量。

（2）抒情：通过流畅的线条和温和的色彩，我们将呈现出一种柔美、抒情的氛围。这或许可以通过乐器之间的优美连接或音符的舞动来表达音乐的抒情性质。

（3）迷幻：在这个主题下，图形将呈现出一种迷幻的感觉，通过色彩的变幻、形状的扭曲，创造出一种错觉，让人仿佛沉浸在迷幻的音乐之中。

（4）时尚：在这个概念下，我们将注重形状、线条和颜色的时尚感。通过运用现代设计元素，并突出特定乐器的时尚外观来表达音乐与时尚的结合。

（5）戏剧化：通过强烈的对比和夸张的表现手法，我们将打造一种戏剧性的场景。或许能通过乐器的阴影和光影，或音符的高低起伏来传达音乐中戏剧化的张力。

尺寸：A3

数量：5 张创意图形

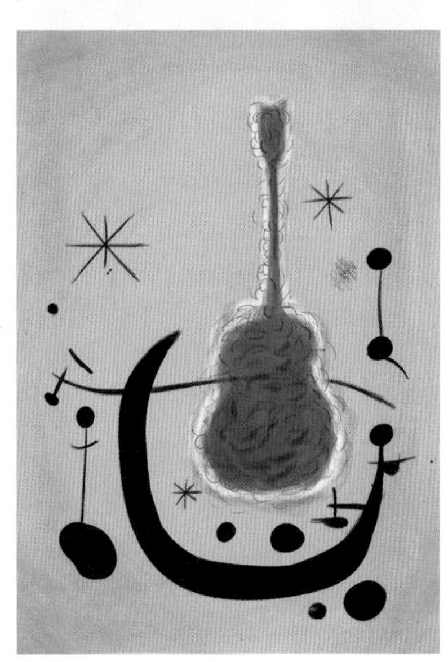

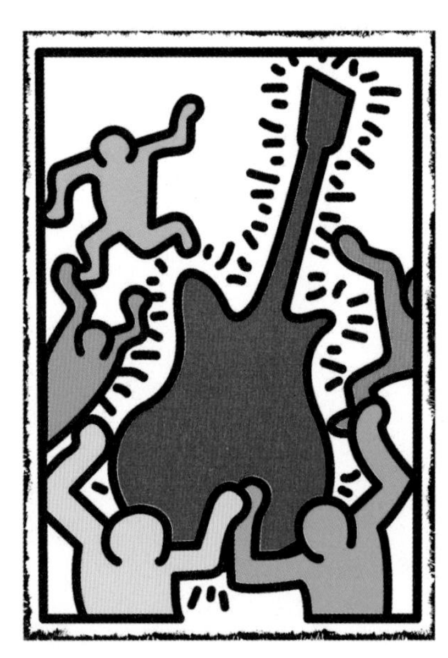

ABSOLUT ART

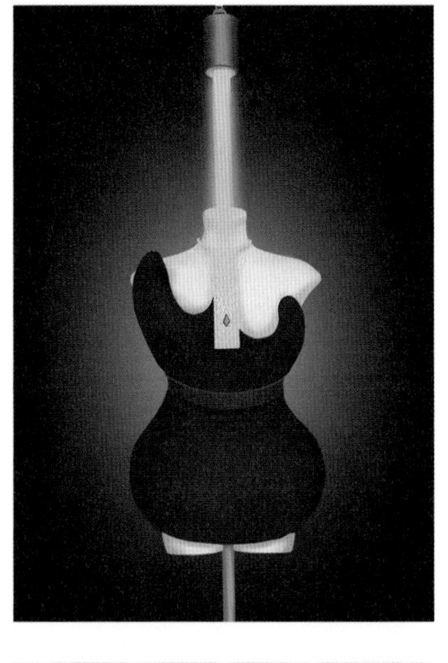

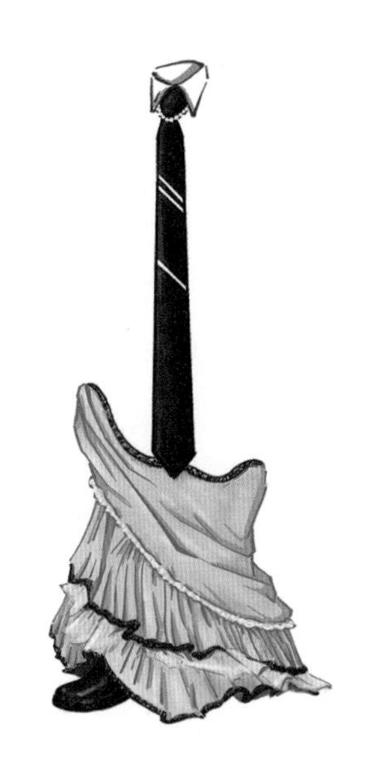

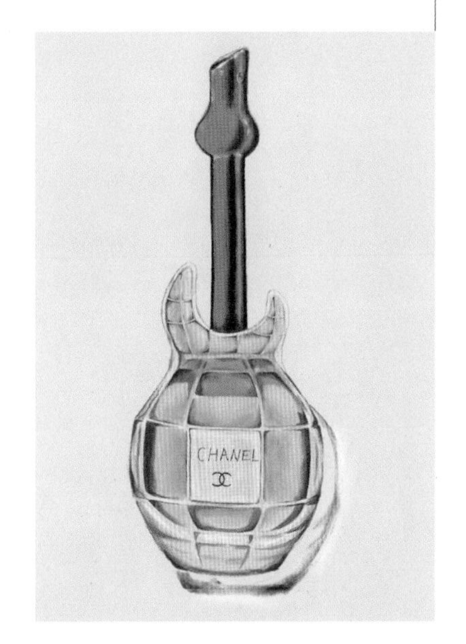

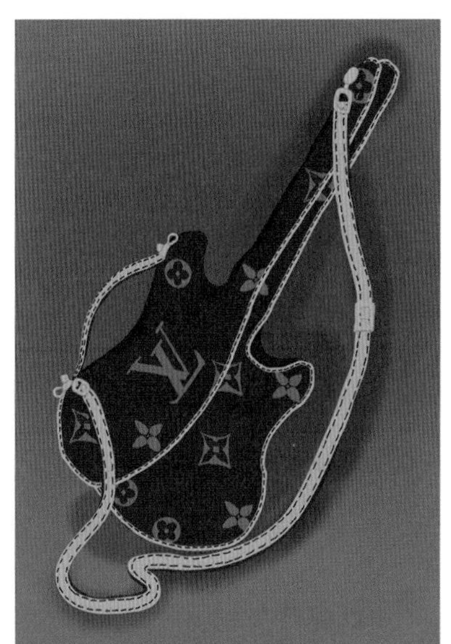

ABSOLUT FASHION

ABSOLUT BLUE

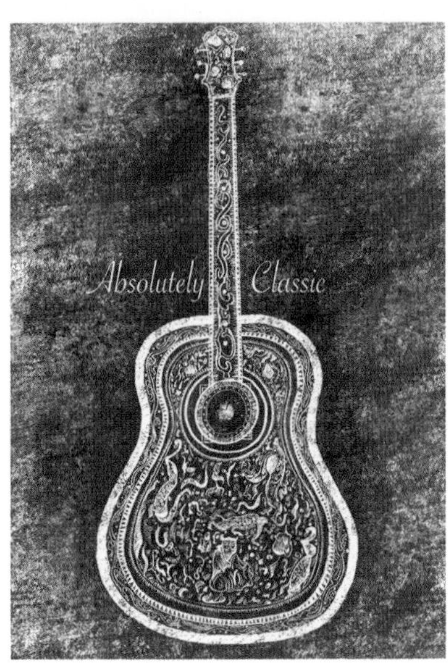

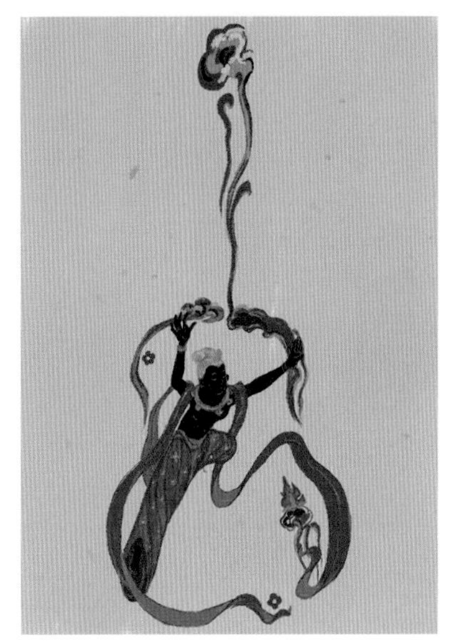

ABSOLUT CLASSIC

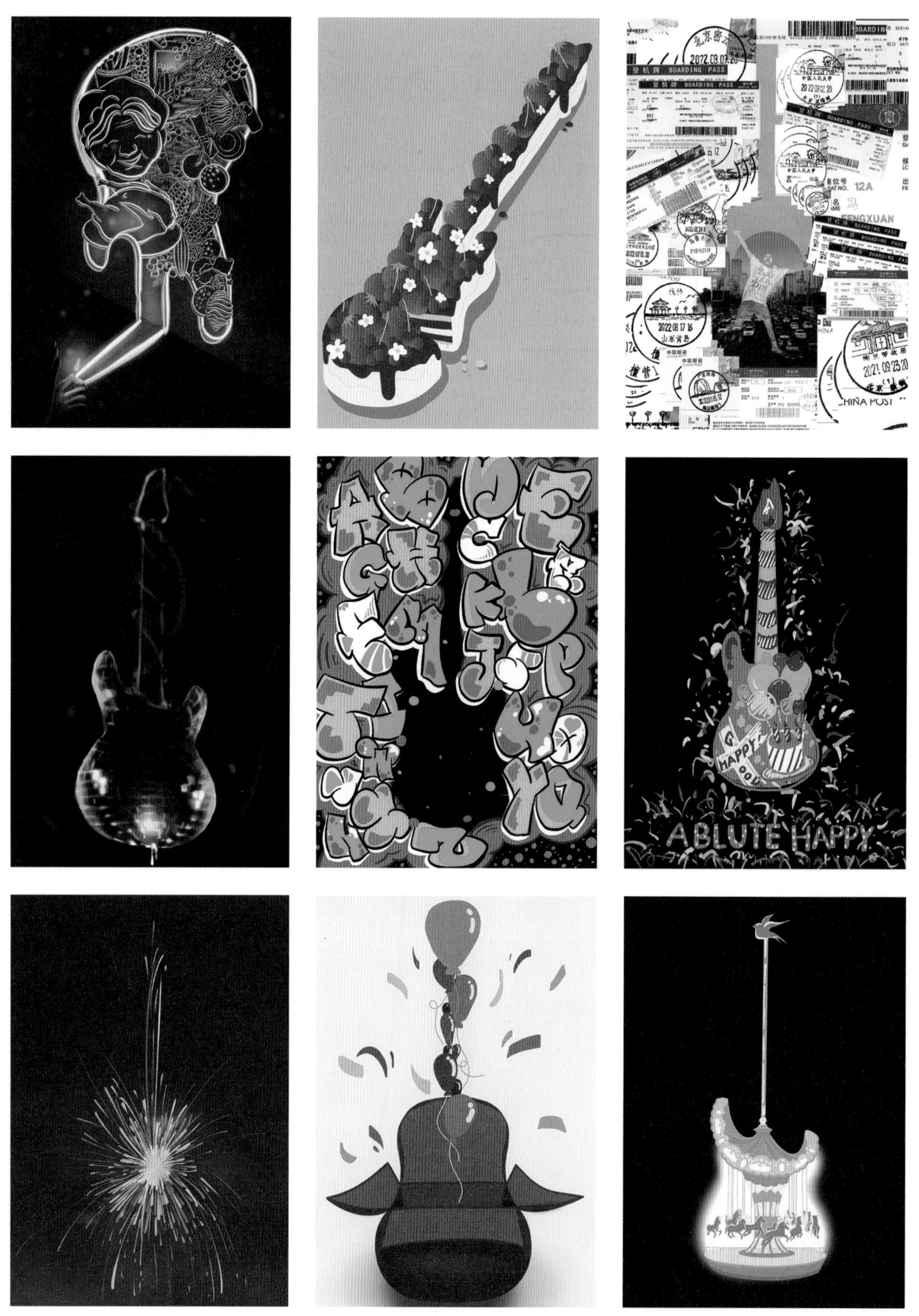

ABSOLUT HAPPY

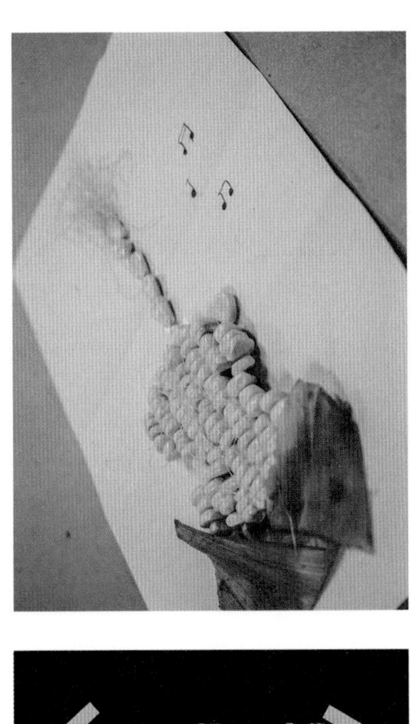

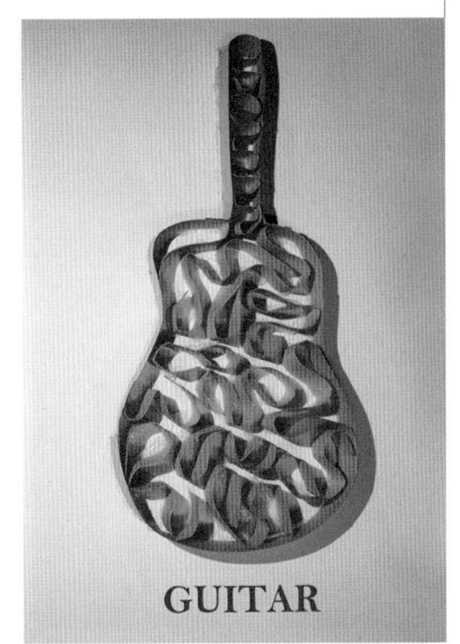

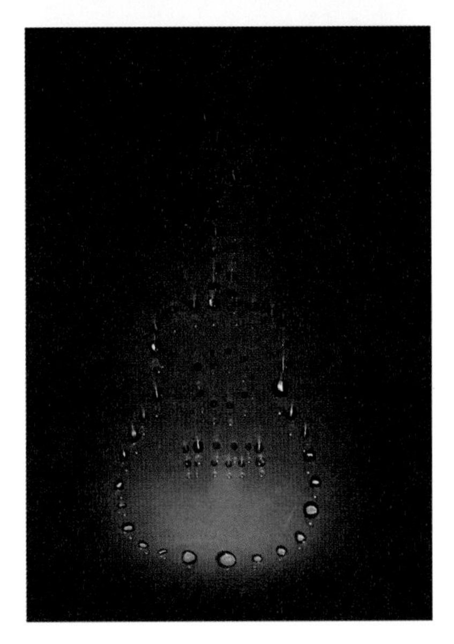

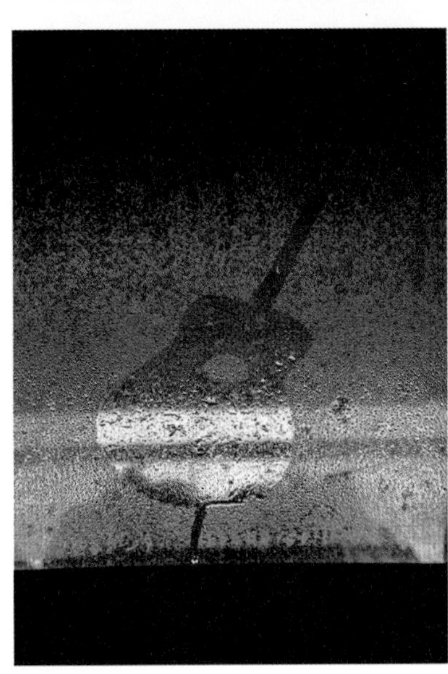

ABSOLUT TEXTURE

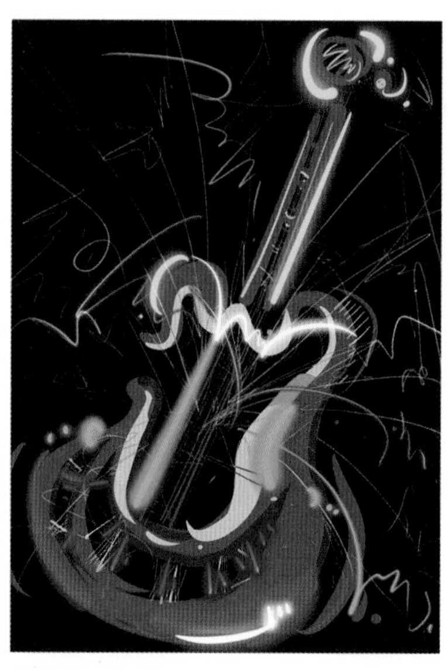

ABSOLUT CRAZY

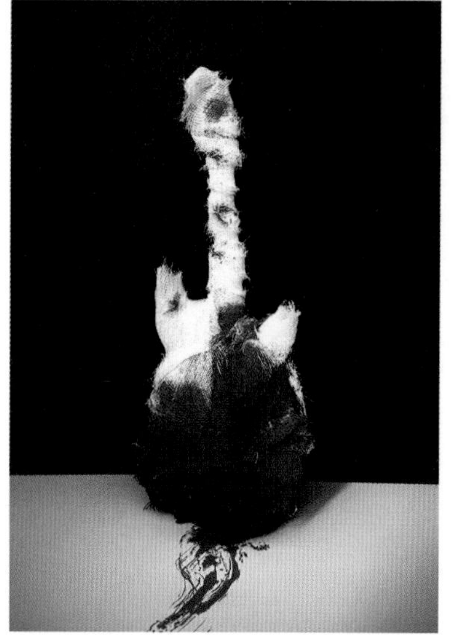

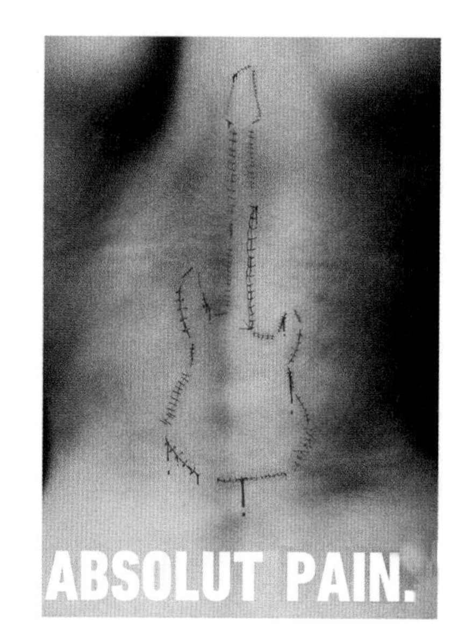

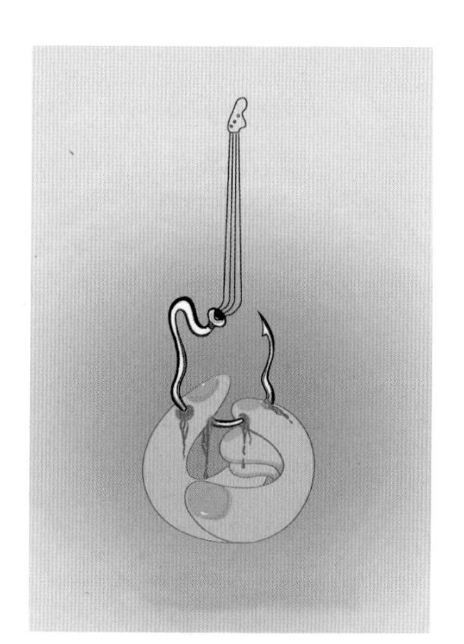

ABSOLUT PAIN

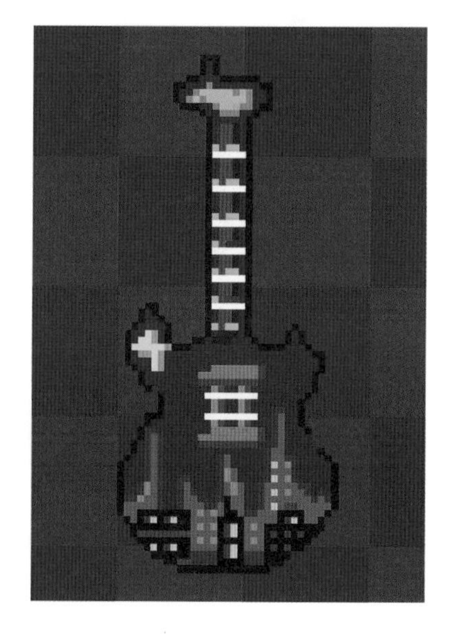

ABSOLUT MODERN

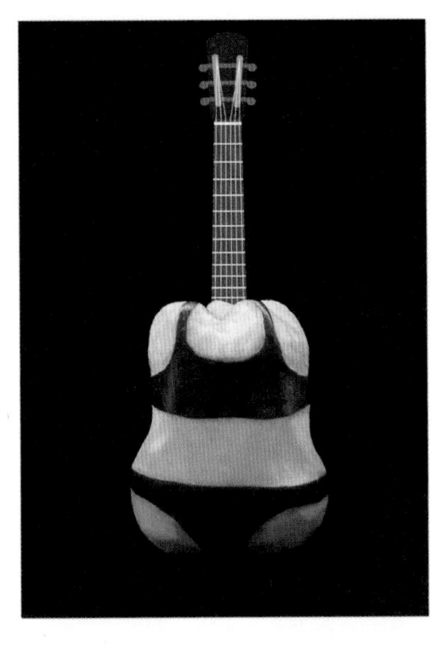

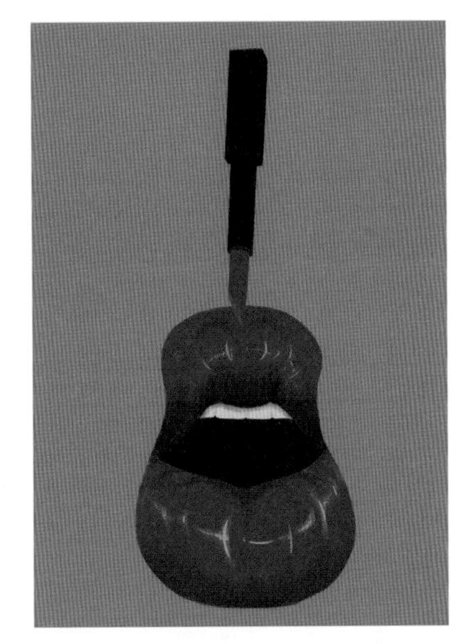

ABSOLUT SEXY

ABSOLUT DRAMA

ABSOLUT HUMOR

后　记

教学的过程实际上是引导学生挖掘自身潜能的过程，而课程设计的目的则是希望能够发现学生独特的才能并激发他们对专业的热情。作为一名教师，我更期待看到学生通过课程的学习，获得专业知识，并因此激发出对设计的浓厚兴趣，将这份热情作为未来发展的目标和动力。

“对于设计来说，教育是最具创造力、最不允许停滞的工作。”这句话深刻地表达了教育的创造性和不断进步的特性。作为教育者，我时刻牢记这一理念，一直提醒自己要不断进步，不能懈怠。投身教育工作就是投身创造，因此，我更注重培养学生的创造性思维和解决问题的能力。希望通过启发学生观察、理解和创造，使他们在设计领域展现出独特的个性和创意。

这本教材的撰写历时一年半，其间经历了多次内容和结构的调整。我深知自己的知识和能力有限，始终诚惶诚恐。在写作过程中，我努力使内容通俗易懂，但也意识到其中许多问题需要进一步思考和深入探索。

书中可能存在错讹或不足之处，真诚希望同行们能够不吝赐教，提供宝贵的意见和建议，以便进行改正和完善。学习和研究是一个无穷期的过程，我深知前路漫漫，还有许多知识和经验等待探索，这份学术的热情将激励我不断进取，继续前行。

本书的结构和内容来源于笔者多年的教案、教学记录和学生课程作业。在撰写过程中，参阅了相关的文献资料并引用了大量设计师作品图片，在此向作者们表示感谢。在完成书稿的过程中，要特别感谢与我一同成长的学生，他们是浙江工业大学设计与建筑学院视觉传达设计系的学生，也是这门课程的推动者。教学相长，正是他们对专业的实践和反馈激发了我对教学的热爱。在课堂中与他们的相处是有趣而愉悦的。本书收录了许多学生的作品，由于名字众多，无法在此一一列出，再次深表感谢！

感谢中国美术学院的袁由敏老师，他在我大学时代所教授的图形语言课深深影响了我，使我热爱上图形设计，并将其作为我担任教学工作后的研究方向。同时，感谢浙江工业大学视觉传达设计系的学科带头人林曦老师和系主任汪哲皞老师对我教学工作的全力支持！感谢我的学生邵可心，协助我完成了本书的设计。特别感谢电子工业出版社的赵玉山先生，在本书的创作过程中给予了悉心的指导和无私的帮助，正是在他的支持下，本书才得以如期、如愿地呈现在读者面前。

ABSOLUT FASION
ART
ART
CAT
WOW
ART ART
ART
ART